SYNOPSIS

DE LA FLORE

DE

LORRAINE ET D'ALSACE,

OU

DESCRIPTION SUCCINCTE ET TABLEAU ANALYTIQUE DES PLANTES
PHANÉROGAMES QUI CROISSENT SPONTANÉMENT OU QUI SONT LE
PLUS GÉNÉRALEMENT CULTIVÉES DANS L'EST DE LA FRANCE,

PAR S. CHOULETTE,

PROFESSEUR DE BOTANIQUE ET DE PHARMACIE A L'HÔPITAL MILITAIRE
D'INSTRUCTION DE STRASBOURG.

———

PREMIÈRE PARTIE:

TABLEAU ANALYTIQUE DES GENRES ET DES ESPÈCES.

———◦◦◦◦◦———

STRASBOURG,

CHEZ DERIVAUX, LIBRAIRE, RUE DES HALLEBARDES, 24.

PARIS,

CHEZ J. B. BAILLIÈRE, LIBRAIRE DE L'ACADÉMIE ROYALE DE MÉDECINE;

1845.

Cet ouvrage se trouve aussi :

A Nancy, chez Mme GONET, libraire;
A Metz, chez VARION, libraire;
A Saint-Dié, chez FERRY-LAPRÉVOTE, libraire.

AVANT-PROPOS.

Dans ce tableau analytique les plantes sont classées suivant le sytème sexuel de LINNÉ, et dans chaque classe les genres et les espèces sont analysés suivant la méthode dichotomique de LAMARCK. Cette méthode, adoptée dans un grand nombre d'ouvrages descriptifs, est connue de toutes les personnes qui s'occupent de la botanique. Je crois néanmoins devoir indiquer ici la manière de s'en servir. Je suppose, pour plus de clarté, qu'il s'agisse d'analyser l'*Echium vulgare*, plante commune dans les lieux incultes. L'inspection de la fleur apprendra que la plante appartient à la cinquième classe du système ; la *Pentandrie*, qui comprend les plantes à fleurs hermaphrodites, ayant cinq étamines libres par les filets et par les anthères. On commencera donc l'analyse du genre au nᵒ 463, page 92, ainsi qu'il suit :

La tige étant herbacée, on se reporte au n° 478 :

478 {
Fleur régulière . . . .
Fleur irrégulière 535
}

Dans la plante analysée la corolle est un peu irrégulière ;

535 {
Corolle monopétale 536
Corolle polypétale . . . .
}

La corolle monopétale renvoie au n° 536 :

536 {
Calice à 2-3 divisions . . . .
Calice à 5 divisions. 537
}

Dans notre plante le calice est à 5 divisions, ce qui nous renvoie au n° 537 :

537 {
Un seul ovaire . . . .
4 ovaires; feuilles et tige rudes-hispides. .
. . . . ECHIUM.
}

Le dernier terme de cette dichotomie nous apprend que la plante que nous analysons appartient au genre ECHIUM. Le numéro placé à la suite de ce nom renvoie à la page où les espèces sont analysées de la même manière.

J'ai adopté autant que possible la synonymie des auteurs qui ont écrit sur les plantes de la région rhénane et des Vosges, en évitant toutefois les doubles emplois que le grand nombre de variétés, admises aujourd'hui, a introduit dans les descriptions.

SYNOPSIS

DE LA FLORE

DE

LORRAINE ET D'ALSACE.

———

PROLÉGOMÈNES.

1. La *Botanique* est la science qui apprend à connaître les végétaux.

Un *végétal* ou une *plante* est un être vivant, organisé, dépourvu de la faculté de sentir et de se mouvoir volontairement, qui se développe, croît, vit et meurt au lieu où il est né.

Le plus grand nombre des végétaux sont formés de deux parties bien distinctes : la *racine* et la *tige*.

La racine est la portion inférieure du végétal qui s'enfonce dans la terre, pour servir de soutien à la plante et y puiser les sucs et l'humidité nécessaires à son entretien et à sa vie.

La tige est la partie qui se dirige presque toujours

vers le ciel, et supporte les feuilles, les fleurs et les fruits.

Le point de séparation de la racine et de la tige s'appelle *collet* ou *nœud vital :* collet, parce qu'il sépare deux parties bien distinctes; nœud vital, parce que si on le retranche, la plante périt infailliblement.

Les anciens comparaient la racine aux pieds, la tige avec le corps, les branches avec les bras.

La racine et la tige forment ce que les botanistes appellent *axe du végétal* ou *système axile.*

DE LA PLANTE EN GÉNÉRAL.

DURÉE.

2. Toutes les plantes ne vivent pas le même nombre d'années; il en est même dont la durée ne dépasse pas quelques mois. Considérées sous le rapport de leur durée, les plantes sont dites *annuelles, bisannuelles* ou *vivaces.*

Les plantes *annuelles* sont celles qui germent, se développent et meurent dans l'espace d'une année ou moins; on les désigne par le signe ☉; telles sont le blé, les céréales, la plupart des légumes de nos jardins. Ces plantes ne fructifient qu'une fois, après quoi elles périssent.

Les plantes *bisannuelles* sont celles qui ne poussent dans la première année que quelques feuilles sans

tige, et qui ne produisent des fleurs et des fruits que dans le courant de la deuxième année; exemple, la digitale, la carotte; elles se marquent ainsi ♂.

Enfin les plantes *vivaces* (♃) sont celles qui vivent plus de deux ans; exemple, les primevères, l'œillet.

Parmi les plantes vivaces il en est qui acquièrent une dimension gigantesque et un âge auquel les animaux sont loin de parvenir. Il y a à Chaillié, département des Deux-Sèvres, en France, un tilleul qui a 15 mètres de circonférence et dont l'âge doit remonter à plus de 1000 ans. Le châtaignier du mont Etna, appelé *châ-taignier des cent cavaliers*, a 53 mètres 32 centimètres de circonférence, et, selon toute apparence, son origine remonte à une époque très-reculée. Enfin les baobabs, qui croissent au Sénégal, n'ont à la vérité que 10 mètres de circonférence; mais par des calculs très-ingénieux, Adanson a rendu probable que leur âge date des premiers siècles du monde, puisqu'il leur assigne 6000 ans d'existence.

PATRIE.

3. Les mêmes végétaux ne croissent pas indifféremment dans tous les pays. Chaque contrée a les siens qui lui sont propres, et chacune des zones terrestres a en quelque sorte sa végétation. C'est sous les tropiques, dans les vastes plaines marécageuses, dans les forêts vierges des pays équatoréaux, où l'humidité est toujours

jointe à la chaleur, que les plantes atteignent les dimensions les plus colossales et revêtent les formes les plus majestueuses. Dans les contrées tempérées elles sont moins élancées, moins variées; vers les pôles elles diminuent graduellement de grandeur et finissent par n'être plus que des arbrisseaux rabougris végétant sur des rochers couverts de lichens.

On appelle plantes *équinoxiales* ou *tropicales* celles qui croissent entre les tropiques, plantes *extra-tropicales* celles qui végétent dans les contrées tempérées, et plantes *hyperboréennes* celles qui se rapprochent du pôle nord.

Les fleuves, les rivières, les marais, les plaines et les montagnes ont une végétation qui leur est particulière. On appelle plantes *terrestres* celles qui croissent sur la terre, plantes *aquatiques* celles qui vivent dans l'eau ou à sa surface, plantes *marécageuses* celles qui préfèrent les marécages et les lieux habituellement inondés.

Parmi les plantes terrestres il en est que l'on ne trouve que dans les prés, d'autres dans les champs, quelques-unes dans les moissons et un certain nombre autour des habitations. On donne le nom d'*alpines* à celles qui croissent de préférence sur le penchant des hautes montagnes.

La mer a aussi une végétation qui lui est propre et qui ne ressemble nullement à celle qui décore les îles et les

continents : on appelle plantes *marines* celles qui végètent au sein de l'Océan, et on réserve le nom de plantes *maritimes* pour celles qui croissent sur les rivages.

Enfin il est des végétaux qui ne se développent qu'à la surface des autres plantes, qui s'implantent sur leur tissu et se nourrissent de leur substance : on les appelle *parasites*. La plupart des parasites ne se rencontrent que sur une seule espèce de plantes et jamais sur d'autres.

TISSUS.

4. Tous les végétaux sont formés de très-petites parties élémentaires appelées *utricules* ou *vésicules*. Ces vésicules ne peuvent être aperçues qu'au moyen de verres grossissants. En se réunissant et se groupant de diverses manières elles donnent naissance à trois modifications qu'on appelle *tissus* . savoir le *tissu cellulaire*, le *tissu ligneux* ou *fibreux* et le *tissu vasculaire*.

Le *tissu cellulaire* est formé de cellules, très-petites parties de formes variables, quelquefois arrondies, mais le plus ordinairement hexagonales et dont la réunion a quelque ressemblance avec les alvéoles des gâteaux d'abeilles. Ce tissu abonde dans les parties molles et tendres, dans la moelle, les fruits, les racines charnues, etc. Quelques végétaux en sont entièrement formés; tels sont les champignons, les algues, les lichens. On les appelle pour cette raison *végétaux cellulaires.*

Le *tissu fibreux* ou *ligneux* se présente sous la forme de cellules très-allongées, toujours terminées en pointe, placées bout à bout et réunies en faisceaux. C'est ce tissu qui compose le bois des arbres et la partie intérieure de l'écorce qu'on appelle *liber,* à cause de sa ressemblance avec les feuillets d'un livre.

Le *tissu vasculaire* est formé de vaisseaux ou tubes, espèces de canaux ouverts servant au passage des liquides qui circulent dans les végétaux et servent à le nourrir. Il existe dans toutes les parties des plantes, mais principalement dans les nervures des feuilles.

ORGANES.

5. Les tissus élémentaires, en s'unissant et se combinant de diverses manières, forment des parties plus composées, appelées *organes.* Organe vient du grec *organon* qui signifie instrument. Les racines et les tiges sont des organes.

Mais les végétaux ne sont pas seulement formés d'une racine et d'une tige; sur celle-ci naissent des *feuilles,* des *fleurs,* quelquefois des *poils,* comme sur les orties, des *aiguillons,* par exemple sur les rosiers, ou des *épines,* ainsi sur les pruniers sauvages, des *stipules,* petites feuilles qui se trouvent à la base des véritables feuilles, comme dans les pois, les fèves, etc. Les

feuilles, les fleurs, les poils, les aiguillons, les épines et les stipules sont aussi des organes.

Parmi les organes qui composent les plantes, les uns sont essentiels, ce sont la racine, la tige, les feuilles et les fleurs ; on les appelle *organes fondamentaux ;* tous les autres, comme les épines, les aiguillons, les poils, les stipules, ne sont pas absolument nécessaires, on les appelle *organes accessoires.*

Parmi les organes fondamentaux les uns servent à nourrir la plante en absorbant les gaz et l'humidité nécessaires et en élaborant les sucs : ce sont la racine, la tige et les feuilles, on les appelle *organes de la nutrition ;* d'autres servent à multiplier l'espèce, telle est la fleur et ses différentes parties : on les appelle *organes de la fructification.*

ORGANES DE LA NUTRITION.

RACINES.

6. La racine est la partie du végétal ordinairement cachée dans la terre, chargée de fixer la plante au sol et d'y puiser les sucs et l'humidité nécessaires à la nutrition.

La racine existe déjà, mais bien petite, dans la graine sous le nom de radicule. A l'époque où la graine germe la radicule cherche à s'enfoncer dans la terre, et quels que soient les efforts que l'on fasse pour la faire croître directement en l'air, on ne peut y parvenir.

La racine ne devient jamais verte ; elle peut avoir toutes les autres couleurs, mais la principale différence qui sépare la racine de la tige, c'est que la première ne supporte jamais ni feuilles, ni fleurs, ni aucun organe accessoire. Il est à remarquer aussi que les divisions de la racine sont toujours dirigées de haut en bas, tandis que c'est le contraire pour les tiges : leurs divisions sont ou horizontales ou dirigées de bas en haut.

On distingue dans la racine : 1° le *collet* ou *nœud vital :* c'est le point de séparation de la tige et de la racine ; 2° le *corps* ou la partie renflée qu'on nomme aussi *pivot ;* 3° le *chevelu* ou les radicelles qui sont les menues fibres qui la terminent.

Les radicelles sont toutes terminées par un petit renflement d'un tissu tendre et délicat qu'on appelle *spongiole*. Les spongioles sont destinées à pomper dans la terre la nourriture de la plante.

On distingue quatre sortes de racines principales, savoir : les pivotantes, les fibreuses, les tubériformes et les bulbifères.

Les racines pivotantes sont celles qui s'enfoncent perpendiculairement dans la terre par un pivot unique, comme la carotte.

Les racines fibreuses sont celles qui sont divisées en

un grand nombre de fibres menues et déliées : telle est celle du blé.

Les racines tubériformes sont celles qui présentent des renflements de distance en distance, comme celles des dahlias, de la pivoine.

Enfin les racines bulbifères sont celles qui portent au collet des écailles dont la réunion forme un bulbe ; l'oignon a une racine bulbifère.

Il est des arbres exotiques qui émettent de leurs branches des racines qui descendent perpendiculairement et s'enfoncent dans la terre. Une particularité remarquable de ces racines, c'est qu'elles ne commencent à grossir que quand elles ont atteint le sol.

TIGES.

7. La tige est la partie de la plante qui s'élève hors de terre et qui supporte les feuilles, les fleurs, les fruits et tous les organes accessoires.

La tige est représentée dans le germe par la tigelle ; mais pendant la germination elle ne commence à se développer que lorsque la radicule a acquis elle-même assez de force.

On distingue deux sortes de tiges : les *tiges ligneuses* et les *tiges herbacées*.

Les tiges ligneuses (du latin *lignum*, bois), sont celles qui ont la consistance du bois, telle est celle des arbres ; les tiges herbacées sont celles qui sont molles , vertes et remplies de sucs.

La partie des arbres comprise depuis le sol jusqu'à la naissance de leurs branches est un *tronc ;* la tige des palmiers est appelée *stipe ;* celle des roseaux , du blé , de l'orge, etc., est nommée *chaume ;* celle qui supporte les fleurs de la tulipe , de l'oignon , etc., se nomme *hampe.* On appelle simplement tiges celles qui ne peuvent pas être rangées parmi ces quatre sortes.

La tige est ordinairement droite ; quelquefois elle rampe à terre ; il en est qui se soutiennent en s'entortillant autour des corps voisins , ou en s'y accrochant au moyen de crampons ou de filaments auxquels on donne le nom de *vrilles.*

Tous les végétaux sont pourvus d'une tige plus ou moins développée ; on ne trouve d'exceptions à cette règle que chez les végétaux cellulaires. Chez quelques plantes la tige est si peu apparente qu'on les a regardées pendant longtemps comme en étant entièrement dépourvues. On les appelle encore pour cette raison *plantes acaules* (du latin *caulis ,* tige , et de l'*a* privatif du grec). Nous avons vu précédemment que jamais les feuilles ou les fleurs ne naissaient de la racine ; la présence de ces organes indique nécessairement l'existence d'une tige.

Tiges ligneuses.

8. On distingue plusieurs sortes de tiges ligneuses :

1º Celles qui présentent un tronc droit et élevé, divisé à son sommet en branches, en rameaux et en ramuscules ; ce sont les *arbres*. L'ensemble des branches garnies de feuillage porte le nom de *cime*. Le tilleul, le chêne sont des arbres.

2º On nomme *arbrisseaux* les plantes qui ont une tige ligneuse, mais qui s'élève moins que celle des arbres. Les arbrisseaux qu'on nomme quelquefois *arbustes*, n'ont point de tronc ; ils poussent, en sortant de terre, plusieurs branches ou une seule branche qui se divise bientôt en rameaux et dont la réunion forme un buisson : les rosiers, les noisetiers sont des arbrisseaux.

3º Les petits arbrisseaux dont les tiges ne sont dures et ligneuses qu'à la base, et dont les branches sont molles et herbacées, sont appelés *sous-arbrisseaux ;* tels sont la sauge, l'hyssope.

Certains arbres, comme les pins et les sapins, acquièrent une hauteur de 50 à 60 mètres ; d'autres, comme les tilleuls, les chênes, ne parviennent jamais à cette élévation. En général il est des limites que la croissance des arbres ne dépasse pas et qui varient pour chaque espèce.

La réunion d'un grand nombre d'arbres et d'arbrisseaux sur le même terrain a reçu le nom de forêt.

Stipe ou tige des palmiers.

9. La tige des palmiers s'appelle *stipe.* Elle se distingue des arbres proprement dits en ce qu'elle ne se divise pas en branches comme ceux-ci : elle présente un tronc droit, simple et qui s'élance à une hauteur souvent prodigieuse. Cette tige se couronne à son sommet d'un bouquet de grandes et larges feuilles entremêlées de fleurs et dont la réunion forme ce que l'on appelle *fronde.* Les dattes sont les fruits d'une espèce de palmier.

Si l'on coupe une branche de chêne ou de sapin, on remarque à l'endroit coupé plusieurs cercles, d'abord très-petits au milieu, puis augmentant de grandeur vers les bords. On remarque aussi des lignes qui partent du centre et se dirigent vers la circonférence, comme les rayons d'une roue de voiture ; l'intérieur des tiges de palmiers ne présente rien de semblable ; il n'y a ni lignes, ni cercles.

Le tronc des arbres et leurs branches sont beaucoup plus dures au centre que vers les bords ; c'est le contraire dans les stipes où la partie du milieu est la plus molle et celle des bords plus consistante.

On peut remarquer que les troncs des arbres sont plus larges à leur base et qu'ils diminuent de grosseur

en s'élevant ; les stipes ont, en général, le même diamètre au sommet qu'à la base.

Les palmiers, dont un grand nombre dépassent la
hauteur de nos arbres les plus élevés, ne se rencontrent
pas dans les forêts de l'Europe ; ils croissent dans les
contrées les plus chaudes de l'Asie, de l'Afrique et de
l'Amérique.

Chaumes, hampes, rhizomes.

10. Le *chaume* est la tige des graminées, comme le
blé, l'orge, l'avoine, les roseaux, etc. C'est une tige
herbacée, ordinairement creuse, garnie de distance
en distance de nœuds solides et renflés. A chacun de ces
nœuds est attachée une feuille, toujours entière, étroite,
enveloppant une portion de la tige avant de s'étaler. On
appelle *entre-nœuds* l'intervalle qui sépare les nœuds.

La *hampe* est une tige tout à fait nue, qui sort du
milieu d'une rosace de feuilles et qui ne supporte des
fleurs qu'à son sommet, comme on le voit dans la ja-
cinthe, la tulipe, l'oignon, etc. Le plantain n'a pas
une hampe parce que le pédoncule de son épi de fleurs
ne sort pas du milieu de ses feuilles, mais sur les côtés
ou à l'aisselle d'une feuille et près du collet de la racine ;
on l'appelle alors *pédoncule radical*. Dans cette plante
la tige est si courte qu'on a cru longtemps qu'elle
n'existait pas : la violette, la primeverre ou oreille
d'ours sont dans le même cas.

Toutes les tiges ne sont pas situées hors de terre ; il y a beaucoup de plantes dont les tiges sont cachées et rampantes sous le sol, par exemple les iris, la violette : on les appelle tiges souterraines ou rhizomes. Ces tiges sont garnies d'un côté de radicelles qui sont les vraies racines de la plante, et elles poussent çà et là des branches ou rameaux qui supportent les fleurs.

Toutes les tiges qui ne peuvent pas être regardées comme des troncs, des stipes, des chaumes, des hampes ou des rhizomes sont appelées tiges proprement dites.

Modifications de la tige.

11. On dit que la tige est :

Dressée, quand elle s'élève verticalement au-dessus du sol ;

Couchée, si elle s'étale sur la terre, mais sans que ses rameaux poussent de nouvelles racines ;

Rampante, quand ses ramifications étant couchées elles poussent de distance en distance des racines nouvelles qui les fixent au sol ;

Sarmenteuse, quand elle est ligneuse et qu'elle se soutient sur les corps voisins, soit avec des vrilles, comme la vigne, soit en se contournant comme le chèvrefeuille ;

Grimpante, quand elle grimpe en s'attachant au moyen de crampons, comme le lierre en arbre ;

Volubile, lorsqu'elle s'entortille autour des corps voisins, en formant une spirale, les unes de droite à gauche, comme le liseron des haies, le haricot, etc., les autres de gauche à droite, comme le houblon ;

Simple, quand elle ne présente aucune division ;

Dichotome, lorsqu'elle se bifurque, c'est-à-dire que chaque rameau se divise en deux rameaux secondaires, et ceux-ci en deux autres, etc. ;

Rameuse, quand ses divisions sont nombreuses ;

Glabre, si elle ne porte pas de poils ;

Pubescente, si elle est couverte de poils très-fins et très-courts ;

Vélue, si les poils sont longs et mous ;

Cylindrique, quand elle ne présente aucun angle saillant ;

Triangulaire, quand elle a trois angles ;

Carrée, si elle a quatre angles et quatre faces égales ;

Nue, si elle ne supporte point de feuilles ;

Feuillée, si elle donne attache à des feuilles.

OEIL, BOUTONS, BOURGEONS.

11 *bis*. Au commencement de l'été on voit paraître à l'aisselle des feuilles ou au sommet des rameaux, dans les arbres et les arbrisseaux, un petit corps conique, dur et composé d'écailles superposées ; on l'appelle *œil*: c'est le germe des pousses de l'année suivante. Pendant l'été l'œil prend un peu d'accroissement, et

devient *bouton*, mais à l'approche de l'automne il cesse de se développer et reste tout à fait stationnaire jusqu'au retour du printemps. A cette époque le bouton s'allonge et se développe en une jeune branche ; on le nomme alors *bourgeon*.

Comme on voit, le bouton renferme les rudiments des jeunes branches et par conséquent des feuilles, des fleurs et des fruits. On distingue trois sortes de bourgeons : les *bourgeons folliifères*, qui ne produisent que des feuilles, les *bourgeons fructifères*, qui donnent des fleurs et les *bourgeons mixtes*, qui développent à la fois des fleurs et des feuilles. Les cultivateurs savent très-bien distinguer ces trois sortes de bourgeons à leur forme, et cette connaissance leur est très-utile pour la *taille* des arbres et des arbrisseaux qui consiste à retrancher une partie des bourgeons à feuilles et même quelques bourgeons à fleurs, de peur que leur développement n'épuise la plante et ne nuise à la beauté des fruits.

Dans nos climats où les hivers sont rigoureux, les boutons sont entourés d'écailles, quelquefois gorgées de résine ; ils sont souvent garnis à l'intérieur d'un duvet abondant destiné à garantir la jeune pousse contre les rigueurs de la saison. Les végétaux des pays équatoréaux, dont les boutons sont pour la plupart dépourvus de cette enveloppe protectrice, ne peuvent pas résister aux froids de nos climats et ont besoin d'être abrités dans des serres chauffées.

DES FEUILLES.

12. Les feuilles sont les organes de la respiration et de la nutrition dans les plantes; elles naissent sur la tige et les rameaux, quelquefois sur le collet de la racine.

Tous les végétaux ne sont pas pourvus de feuilles; ceux qui en manquent sont appelés *aphylles*. Parmi les plantes aphylles ou dépourvues de feuilles, les unes ont une tige verte, et peuvent cependant se nourrir elles-mêmes; d'autres restent blanches ou jaunâtres et tirent leur nourriture des autres plantes auxquelles elles s'accrochent, soit par leurs racines, soit par de petits suçoirs qu'elles y enfoncent.

Les feuilles sont des lames minces, ordinairement planes, de couleur verte, d'une consistance molle et herbacée et de formes très-variables. Dans le plus grand nombre des végétaux elles sont formées de deux parties bien distinctes : le *pétiole* et le *limbe*.

Le *pétiole,* que l'on appelle vulgairement *la queue de la feuille*, est un petit support qui sert à soutenir la lame ou le limbe sur la tige. Les feuilles qui ont un pétiole sont appelées *feuilles pétiolées*; celles qui en sont dépourvues sont dites *feuilles sessiles*. Quelquefois le pétiole est élargi à sa base et enveloppe plus ou moins complétement la tige ou le rameau auquel il est attaché; il est alors appelé *pétiole engainant*, comme dans l'oseille. Dans le blé et dans toutes les graminées le pétiole ne ressemble pas à un support ; il enveloppe une partie du chaume comme un fourreau.

Le *limbe* est la partie de la feuille mince, élargie, ordinairement horizontale et soutenue par le pétiole quand la feuille est pétiolée. On y distingue deux faces : la *face supérieure*, presque toujours tournée vers le ciel et la *face inférieure*. La première est lisse, luisante, d'un vert plus tendre ; la seconde est d'un vert plus foncé, couverte de plus de poils, et marquée de côtes plus saillantes. Ces côtes sont appelées *nervures* ; celle du milieu partage le limbe en deux portions à peu près égales : on l'appelle *nervure médiane* ; en l'observant attentivement on voit qu'elle n'est qu'un prolongement du pétiole. De distance en distance cette côte moyenne se divise et envoie vers les bords du limbe des nervures moins fortes : ce sont les *nervures secondaires* ; celles-ci forment à leur tour des *nervures tertiaires*, et enfin les dernières ramifications se nomment *nervilles* ou *veinules*.

L'ensemble des nervures et de leurs ramifications constitue ce que l'on appelle le squelette de la feuille, et les intervalles que les nervilles laissent entre elles sont remplis par du tissu cellulaire qu'on nomme *parenchyme*. Il est très-facile d'obtenir le squelette des feuilles complétement séparé du parenchyme ; il suffit de frapper à petits coups redoublés, avec une brosse

un peu rude, une feuille à moitié desséchée, celle du chêne par exemple ; tout le parenchyme se sépare en poussière, et le squelette de la feuille reste intact.

13. Il y a quatre choses principales à considérer dans les feuilles : 1° leur position ; 2° leur forme ; 3° leurs découpures ; et 4° enfin leur surface.

A. Position.

Suivant leur position sur la tige les feuilles sont dites :

Radicales, quand elles naissent très-près du collet de la racine, par exemple le plantain ;

Caulinaires, quand elles sont fixées sur la tige et ses divisions ;

Florales, lorsqu'elles sont très-rapprochées des fleurs, par exemple le chèvre-feuille ;

Opposées, quand elles sont placées l'une en regard de l'autre à la même hauteur, comme dans le lilas ;

Connées, si étant opposées, elles sont réunies par leur base de manière à entourer la tige, ainsi dans le chèvre-feuille ;

Verticillées, lorsqu'elles naissent plus de deux à la même hauteur, autour de la tige, par exemple le laurier rose ;

Éparses, c'est-à-dire disposées sur la tige sans aucun ordre ;

Alternes, quand elles naissent seules sur différents points de la tige et à des distances à peu près égales ;

Imbriquées, si elles se recouvrent à la manière des tuiles d'un toit, comme celles des thuya ;

Fasciculées, lorsqu'elles naissent plusieurs ensemble du même point de la tige, ainsi dans le cerisier ;

Décurrentes, quand la base se prolonge le long de la tige de manière que celle-ci paraît ailée ;

B. Forme.

14. Suivant leurs formes les feuilles sont :

Linéaires, lorsqu'elles sont étroites, allongées et à peu près d'égale largeur dans toutes leurs parties ;

Lancéolées, lorsque leur longueur dépasse au moins trois fois la largeur, et qu'elles vont en se rétrécissant insensiblement à la base et au sommet, exemple le laurier rose ;

Ovales, quand elles ont la forme que présente la coupe longitudinale d'un œuf, exemple la pervenche ;

Ensiformes, lorsqu'elles ont la forme d'un glaive, comme celles des iris, des roseaux ;

Orbiculaires, quand elles présentent une forme arrondie, telles sont celles de la capucine ;

Cordiformes, lorsqu'elles sont ovales et en même temps arrondies et échancrées à leur base ; comme celles du lilas ;

Réniformes, si leur base se trouvant échancrée, le sommet est arrondi, ainsi celles du lierre terrestre ;

Sagittées ou *hastées*, quand le sommet est allongé et

aigu et que la base se prolonge en deux lobes pointus et écartés, exemple la sagittaire.

C. *Découpures.*

15. Considérées dans leur contour les feuilles peuvent être :

Entières, si elles ne présentent aucune division, exemple le plantain ;

Crénelées : ce sont celles qui sont bordées de petites crénelures arrondies au sommet et peu profondes, exemple le lierre terrestre ;

Dentées, lorsque le bord est garni de petites dents aiguës; quand les dents sont dirigées vers le sommet de la feuille, on la dit *dentée en scie*, exemple la violette ;

Incisées, lorsque les découpures sont étroites et profondes ;

Palmées, quand les divisions ne dépassent pas le milieu du limbe et sont disposées comme les doigts de la main ;

Pinnatifides, lorsque les divisions sont plus ou moins profondes, et disposées comme les barbes d'une plume ;

Lyrées, si étant pinnatifide la feuille est terminée par un lobe plus grand, exemple le radis sauvage ;

D. *Surface.*

16. Étudiées sous le rapport de leur surface les feuilles sont :

Glabres, quand elles sont complétement dépourvues de poils, exemple le laurier rose ;

Luisantes, lorsqu'elles sont comme recouvertes d'une sorte de vernis, ainsi le lierre en arbre, le peuplier ;

Pubescentes, c'est-à-dire couvertes de poils mous, courts et rapprochés ;

Poilues, quand les poils dont elles sont couvertes sont longs, mous et peu nombreux, comme ceux de la renoncule âcre ;

Cotonneuses, lorsque les poils sont longs, blancs et mous ;

Laineuses, quand de plus ils sont feutrés et ressemblent à de la laine.

Feuilles composées.

17. Dans les feuilles composées le pétiole supporte plusieurs portions de limbe entièrement distinctes, qu'on appelle *folioles*. Le pétiole auquel les folioles sont attachées, porte le nom de *pétiole commun*, et celui qui porte les folioles est appelé *pétiolule*.

Les feuilles composées peuvent l'être de trois manières différentes : lorsque les folioles sont attachées immédiatement sur le pétiole commun la feuille est dite *simplement composée*, exemple : l'acacia, le pois ; lorsque le pétiole commun se divise, et que les folioles sont attachées sur ses divisions, la feuille est dite *décomposée*, exemple : la sensitive ; enfin si les divisions secondaires se divisent encore en ramifications ternaires, on dit la feuille *surdécomposée*.

Dans un assez grand nombre de feuilles composées les folioles sont attachées au sommet du pétiole ; si celui-ci n'en porte que trois, comme dans le trèfle, c'est une feuille *ternée* ; mais s'il en supporte un plus grand nombre, cinq, sept ou neuf, comme dans le harronier, la feuille est dite *digitée*.

Mais dans la plus grande partie des feuilles composées les folioles sont attachées le long du pétiole commun et disposées comme les barbes d'une plume, ainsi dans l'acacia faux ; on dit alors la feuille *pennée*. Lorsque les folioles des feuilles pennées sont en nombre pair, on les appelle *feuilles pennées sans impaire ;* mais si les folioles sont en nombre impair, il y en a une qui termine le pétiole, c'est la *foliole impaire* et la feuille est appelée *feuille pennée avec impaire*. Souvent la foliole impaire manque, et se trouve remplacée par une vrille ou une épine.

2

ORGANES ACCESSOIRES.

19. Les organes accessoires sont ceux qui ne sont pas indispensables à la vie de l'individu, et qui ne se montrent pas chez tous les végétaux. Les principaux organes accessoires sont : les *stipules*, les *poils*, les *aiguillons*, les *épines* et les *vrilles*.

Les *stipules* sont des expansions foliacées ou écailleuses qui naissent à la base des feuilles. Dans les pois elles sont très-grandes et elles ressemblent à des folioles ; dans les rosiers elles sont attachées au petiole. Il y a des familles de plantes où toutes les espèces sont munies de stipules, par exemple les rosacées, les papilionacées ; et d'autres qui en sont complétement dépourvues.

Les *poils* sont des filaments minces, cylindriques et creux qui naissent sur la tige, les feuilles, etc., dans un grand nombre de plantes. Leur forme varie beaucoup. En général ils sécrètent une liqueur qui apparaît à leur extrémité sous la forme d'une gouttelette presque imperceptible. Cette liqueur est âcre et caustique dans les orties, ce qui fait que la piqûre de ces poils cause une cuisson assez vive.

Les *aiguillons* sont des prolongements aigus qui naissent sur les tiges et les rameaux, mais qui peuvent en être facilement détachés sans endommager la branche qui les porte. Les tiges des rosiers, des groseillers, en fournissent des exemples.

Les *épines* se distinguent des aiguillons en ce qu'elles ont plus de consistance ; elles font corps avec la tige. Ce sont à proprement parler, des rameaux non développés. Quelques végétaux en sont recouverts, par exemple, les pruniers sauvages.

Enfin les *vrilles* sont des filaments allongés, simples ou divisés, roulés sur eux-mêmes au moyen desquels les plantes s'accrochent et se soutiennent lorsque leurs tiges sont trop faibles. On en voit sur les tiges des concombres, de la vigne, etc.

ORGANES DE LA FRUCTIFICATION.

DE LA FLEUR.

20. On donne le nom de fleur à l'ensemble des organes qui renferment les germes et qui les rendent propres à reproduire la plante.

Tous les végétaux ne sont pas pourvus de fleurs : les champignons, les lichens, les algues, etc., n'en ont pas : on les appelle *plantes agames* ou *cryptogames*. Les autres sont dites *plantes phanérogames*.

La fleur *complète* se compose de quatre parties au moins, qui sont : le *calice*, la *corolle*, les *étamines* et les *pistils*. Si une ou plusieurs de ces parties manquent, la fleur est *incomplète*.

Parmi les fleurs incomplètes il en est qui n'ont pas de calice, d'autres manquent de corolle ; quelques--

unes manquent à la fois de l'une et de l'autre ; la fleur ne se compose alors que d'étamines et de pistils, et cependant elle peut donner des graines mûres, ce qui prouve évidemment que le calice et la corolle ne sont pas indispensables à la reproduction de la plante.

Mais il n'en est pas de même des étamines et des pistils : si l'un de ces organes vient à manquer, la fleur ne donne pas ordinairement de graines, si ce n'est dans quelques circonstances que nous allons indiquer.

Par exemple, il est des plantes chez lesquelles les étamines et les pistils se trouvent dans des fleurs différentes ; on les appelle *fleurs monoïques*, par exemple, le maïs où l'on peut voir que les fleurs du sommet ne renferment que des étamines et celles de la base que des pistils. Cette circonstance n'empêche pourtant pas les graines de mûrir.

Il est un certain nombre d'autres plantes qui ont les étamines et les pistils séparés, non pas sur la même plante, mais sur des pieds différents ; tel est le chanvre : on les appelle *dioïques*. Chez ces plantes les pistils ne donnent des graines mûres que quand les pieds qui portent les fleurs à étamines ne se trouvent pas à une trop grande distance.

On voit donc que les étamines et les pistils sont les organes les plus essentiels de la fleur ; ce sont eux qui assurent la reproduction des espèces.

21 Les fleurs peuvent être attachées directement à

a tige et aux rameaux ; sans le secours d'aucun support particulier, on les dit alors *fleurs sessiles* ; lorsque au contraire elles sont portées sur un prolongement mince, un support particulier, celui-ci se nomme *pédoncule*, et les fleurs sont *pédonculées* ; si le pédoncule se divise en plusieurs ramifications, terminées chacune par une fleur, chaque ramification est appelée *pédicelle*, et les fleurs sont dites *pédicellées*.

Quand les fleurs naissent séparées les unes des autres sur différents points de la tige, ou si étant réunies et rapprochées, elles ont chacune un pédicelle et un calice particulier, on les appelle *fleurs disjointes* ; on les dit au contraire *conjointes* quand elles se trouvent sessiles et réunies en grand nombre dans un calice commun, exemple le pissenlit, la marguerite.

Les fleurs qui naissent au sommet des tiges sont appelées *terminales* ; elles sont dites *axillaires* quand elles naissent à l'aisselle des feuilles le long de la tige ou des rameaux.

Du calice.

22. Le calice est la partie la plus extérieure de la fleur, ordinairement de couleur verte et de consistance foliacée. Le calice est formé de plusieurs pièces qui ont reçu le nom de *sépales*, et qui ont la plus grande analogie d'origine et de fonctions avec les feuilles. Lorsque les sépales sont tous distincts et séparés jusqu'à la base

2.

on l'appelle *calice polysépale*, exemple la renoncule; lorsqu'au contraire les sépales sont plus ou moins soudés entre eux, il est dit *monosépale*, comme dans l'œillet.

Le calice est dit :

Régulier, lorsque les pièces dont il se compose sont disposées d'une manière symétrique ;

Irrégulier, dans le cas contraire ;

Entier, quand ses bords ne présentent aucune division ;

Denté, lorsque ses divisions ont peu de profondeur ;

Bifide, *trifide*, *quadrifide*, *quinquéfide*, selon qu'il est partagé en deux, trois, quatre ou cinq divisions peu profondes, ou qui ne vont pas jusqu'à la base ;

Caduc, lorsqu'il tombe de bonne heure ;

Persistant, lorsqu'il accompagne le fruit ;

Labié, lorsque ses divisions sont disposées en formes de lèvres.

Tubulé, quand ses sépales sont soudés en forme de tube dans une grande partie de leur longueur.

De la corolle.

23. On donne le nom de *corolle* à l'enveloppe intérieure des fleurs. Le plus ordinairement la corolle renferme immédiatement les étamines ; elle est colorée des plus vives couleurs et se compose de plusieurs pièces appelées *pétales*.

Lorsque les pétales sont séparés jusqu'à la base et entièrement distinctes la corolle est dite *polypétale;* quand au contraire les pétales sont tout à fait, ou seulement en partie soudés , la corolle est *monopétale* ou *gamopétale.*

Corolle monopétale. Dans la corolle monopétale on distingue le *tube*, la *gorge*, et le *limbe*. Le *tube* est la partie la plus inférieure de la corolle; il est plus ou moins rétréci, allongé, ordinairement cylindrique; le *limbe* ou la *lame* est la portion évasée et souvent découpée, formée par l'évasement du tube; enfin la *gorge* est la partie située entre le limbe et le tube.

La corolle monopétale peut être *régulière* ou *irré-guliére.*

La corolle monopétale régulière est dite :

Tubulée, lorsqu'elle présente la forme d'un tube mince et allongé, comme dans le lilas;

Campanulacée, lorsque le tube est très-court et que le limbe va en s'élargissant de manière à imiter une cloche, exemple : les campanules;

Infundibuliforme, lorsqu'elle présente un tube allongé, terminé à son sommet par un évasement, de manière à imiter la forme d'un entonnoir; exemple le tabac.

Hypocratériforme ou en forme de coupe, quand sa moitié inférieure est un tube allongé et étroit et que le limbe est étalé horizontalement; exemple le jasmin ; lorsque le tube est très-court et le limbe étalé on dit la corole *rotacée* ou en roue, par exemple dans la bourrache.

Corolle monopétale irrégulière. Cette corolle présente un grand nombre de formes diverses entre lesquelles on remarque la corolle *bilabiée* et la corolle *personnée*.

Dans la corolle *bilabiée* ou *à deux lèvres* le limbe se partage en deux divisions qui forment comme deux lèvres, une supérieure, ordinairement dressée et cachant les étamines ; une inférieure, étalée ou réfléchie, souvent divisée en plusieurs lobes. Cette disposition se remarque dans la mélisse, la sauge et en général dans un très-grand nombre de plantes qui ont reçu le nom de *labiées.*

La corolle *personnée* présente une disposition différente : les deux lèvres sont rapprochées de manière à fermer entièrement le tube, ce qui donne à la fleur l'aspect d'un mufle d'animal ; telles sont les corolles des linaires, des mufliers, etc.

Les corolles monopétales irrégulières qui, par leur forme, s'éloignent de ces deux modifications, sont appelées *corolles anomales.*

Corolle polypétale. Si l'on sépare les cinq pétales dont se compose la corolle de l'œillet, on remarquera que chacun d'eux est rétréci à sa base et dilaté au sommet ; la partie rétrécie porte le nom d'*onglet*, et l'autre

elui de *lame*. Dans les renoncules l'onglet est très-
court et la lame forme presque la totalité du pétale.

La corolle polypétale peut être régulière ou irrégu-
lère. La corolle polypétale régulière est dite *cruciforme*, lorsqu'elle se compose de quatre pétales *ongui-
culés*, c'est-à-dire munis d'onglets et disposés en croix ;
kemple la giroflée, toutes les crucifères ;

Rosacée, lorsqu'elle est composée de trois ou cinq
pétales à onglet très-court et disposés en rosace ; telles
sont les roses, la fleur du cériser, etc. ;

Caryophyllée, quand étant formée de cinq pétales,
ceux-ci ont des onglets très-longs, comme on le voit
dans les œillets.

La corolle polypétale irrégulière est ou *papilionacée*
ou *anomale*.

La corolle *papilionacée* est composée de cinq pétales ; un supérieur, qui est le plus grand et qui porte
le nom d'*étendard* ou de *pavillon*, deux inférieurs,
souvent soudés par leurs bords, qui forment la *carène*, et
enfin deux latéraux que l'on appelle *ailes*. On peut facilement étudier ces différentes pièces dans les fleurs
es pois, des fèves, etc.

Les corolles *anomales* sont celles qui ne présentent
pas la conformation de la corolle papilionacée, ainsi
elle de l'aconit, de la violette, de la capucine, etc. ;
parmi les corolles anomales il en est qui sont terminées
par des éperons, d'autres se prolongent en casque, etc.

Des étamines.

24. L'*étamine* est l'organe qui se trouve immédiatement placé après la corolle dans l'intérieur de la fleur. Elle consiste essentiellement en un petit sac qui renferme une poussière jaune qu'on nomme *pollen*. Le petit sac membraneux dans lequel le pollen est contenu est appelé *anthère*. Quelquefois l'anthère est appliquée sur la fleur sans aucun support, et on la dit *sessile*; le plus souvent elle est élevée sur un filament auquel on donne le nom de filet.

L'étamine se compose donc ordinairement de trois parties, le *filet*, l'*anthère* et le *pollen*.

Le nombre des étamines varie beaucoup : il est des fleurs qui n'en ont qu'une seule, et d'autres chez lesquelles on en compte plus de cent. Dans un certain nombre de plantes elles sont à peu près égales entre elles, exemple le lis; il en est beaucoup d'autres chez lesquelles ces organes ont une grandeur déterminée. Ainsi, dans la menthe, la mélisse et dans la plus grande partie des labiées, il y a quatre étamines dont deux sont toujours plus grandes : on les appelle *didynames*; chez un grand nombre d'autres plantes, par exemple dans la giroflée, le chou et toutes les crucifères, on trouve six étamines parmi lesquelles deux sont constamment plus courtes; on les dit alors *tétradynames*.

L'*anthère* est la partie la plus essentielle de l'étamine, puisqu'elle renferme le pollen. Elle est formée de deux petites poches longitudinales, séparées par une cloison formant deux *loges*. A une certaine époque de la floraison les loges de l'anthère s'ouvrent avec élasticité et le pollen qu'elles contenaient est lancé au dehors.

Ordinairement chaque anthère est distincte des autres; mais il est une classe entière de plantes chez lesquelles les anthères sont réunies entre elles en un petit cylindre que traverse le style : ce sont les plantes à fleurs composées parmi lesquelles on compte le pissenlit, l'absinthe, le dahlia, etc.

Le *filet* est le petit support qui soutient l'anthère. Dans la plus grande partie des végétaux les filets sont libres, mais quelquefois ils sont réunis et soudés entre eux dans une grande partie de leur longueur. Dans ce cas les étamines sont dites :

Monadelphes, lorsqu'elles sont réunies en un seul corps, comme dans les mauves;

Diadelphes, quand elles sont réunies en deux faisceaux, ainsi dans presque toutes les papilionacées ;

Polyadelphes, lorsque les étamines sont nombreuses et que leurs filets sont réunies en plusieurs faisceaux; exemple l'hypéricum.

Du pistil.

25. Le *pistil* est l'organe le plus central de la fleur il se présente le plus ordinairement sous la forme d'une petite colonne renflée à la base et terminée supérieurement par un petit corps spongieux. La partie inférieure renflée se nomme *ovaire*, le petit corps spongieux, situé au sommet, est le *stigmate*, et la partie intermédiaire entre l'ovaire et le stigmate est le *style.*

Le nombre des pistils varie dans beaucoup de plantes cependant ce nombre est toujours inférieur à celui des étamines.

Ovaire. L'*ovaire* est la partie inférieure du pistil qui doit constituer plus tard le fruit. Il renferme les *ovules*, petits corps ovoïdes ou globuleux qui sont les rudiments des graines. Les ovules sont attachés aux parois de l'ovaire ou à une sorte de colonne centrale, appelée *trophosperme.* Quelquefois l'intérieur de l'ovaire ne présente qu'une seule cavité, et on dit qu'il est à *une seule loge* ou *uniloculaire;* mais dans un grand nombre de plantes son intérieur est partagé en plusieurs loges par des *cloisons* minces; il peut être alors *biloculaire*, *triloculaire*, *multiloculaire*, c'est-à-dire à deux, trois ou un grand nombre de loges.

L'ovaire peut être *supère* ou *infère;* il est *supère* ou *libre* lorsqu'il se trouve placé au fond de la fleur et qu'il n'adhère pas au calice; il est *infère* ou *adhérent* quand lu contraire, il fait corps avec le calice et qu'il se trouve placé non pas dans la fleur, mais au-dessous d'elle.

Dans les rosiers il y a plusieurs ovaires ; ils ne s'aperçoivent pas dans la fleur, mais ils sont cachés dans la partie renflée qu'on observe au sommet du pédoncule et qu'on prendrait au premier coup d'œil pour un ovaire unique et infère. Si on ouvre cette portion de la fleur on trouve à l'intérieur un assez grand nombre de corps durs attachés à ses parois et terminées chacun par un style ; ce sont les ovaires : on les appelle *ovaires pariétaux*.

Dans la mélisse, les menthes, la bourache et en général dans toutes les plantes de la famille des labiées et de celle des boraginées, l'ovaire présente une conformation particulière : au fond de la fleur on voit un corps partagé en quatre parties et qu'on prendrait d'abord pour quatre ovaires distincts ; c'est un ovaire unique à quatre loges, car il n'y a qu'un style, lequel part du milieu des quatre divisions de l'ovaire ; on donne à cet ovaire le nom de *gynobasique*.

26. *Style*. Le style est un prolongement de l'ovaire qui supporte le stigmate. Il se présente sous la forme d'un filament mince, ordinairement cylindrique, qui naît tantôt du sommet de l'ovaire, comme dans le lis, tantôt sur le côté ; ainsi dans les rosiers, et quelquefois de sa base même.

Lorsqu'une fleur renferme plusieurs ovaires, chacun d'eux porte un style ; mais il arrive quelquefois qu'un

3

vaire est surmonté de plusieurs styles distincts ; dans ce cas l'ovaire est partagé en autant de loges qu'il porte de styles , c'est ce que l'on peut très-bien voir dans le poirier où il y a cinq styles et cinq loges.

Le style renferme dans son intérieur des vaisseaux qui sont destinés à donner passage à la substance du pollen qui doit transmettre la vie végétative aux ovules contenus dans l'ovaire : aussi remarque-t-on que quand l'ovaire est à plusieurs loges et n'est surmonté que d'un seul style, celui-ci est traversé par autant de vaisseaux qu'il y a de loges, et ces vaisseaux aboutissent chacun à une loge distincte.

27. *Stigmate*. Le stigmate est la portion renflée qui se trouve portée par le style quand celui-ci existe, et qui est immédiatement implantée sur l'ovaire quand le style manque. Sa surface est inégale, visqueuse, elle manque *d'épiderme*, c'est-à-dire de la membrane mince qui recouvre toutes les autres parties des végé-taux. Sa destination est évidemment de transmettre aux ovules , par les vaisseaux du style , la *fovilla*, liquide contenu dans les grains du pollen.

Le stigmate est ordinairement partagé en autant de lobes qu'il y a de loges dans l'ovaire ; ainsi il peut être *bilobé*, *trilobé*, etc., c'est-à-dire divisé en deux, trois, etc., lobes peu profonds ; quand ses divisions sont plus marquées on le dit *bifide*, *trifide*, *quadrifide*, etc., selon leur nombre.

De l'inflorescence ou de la disposition des fleurs sur les tiges.

28. On désigne sous le nom d'*inflorescence* la disposition ou l'arrangement des fleurs sur les tiges. On distingue plusieurs sortes d'inflorescence ; ainsi on dit que les fleurs sont :

Terminales, lorsqu'elles terminent la tige ou les rameaux ;

En épi, lorsqu'elles sont appliquées et serrées le long de l'extrémité de la tige, comme dans le blé, l'orge, etc.;

En panicule, quand elles sont portées sur des pédoncules longs et écartés de l'axe principal, comme dans l'avoine ;

En ombelle, lorsque les pédoncules partent d'un même point de la tige et élèvent les fleurs à la même hauteur ; l'ombelle est *simple* si les pédoncules ne se ramifient pas et supportent immédiatement les fleurs, exemple l'ail ; elle est au contraire composée lorsque les pédoncules se ramifient et supportent une ombelle plus petite, appelée *ombellule*, comme dans la carotte;

En grappe, quand les fleurs sont portées par des pédoncules à peu près égaux et insérés le long d'un axe commun recourbé et pendant, exemple: la vigne ;

En capitule ou *en tête*, quand elles sont renfermées et serrées dans un calice commun, comme par exemple dans la marguerite, le dahlia, le tournesol;

En corymbe, quand les pédoncules partent de points
différents de la tige et élèvent cependant les fleurs à
une hauteur à peu près égale, exemple le sureau.

Organes accessoires de la fleur.

29. Le calice, la corolle, mais surtout les étamines
et les pistils sont les organes essentiels de la floraison ;
il en est quelques autres qui sont moins importants,
mais qu'il est nécessaire d'indiquer, ce sont : les *bractées* ou *feuilles florales*, les *involucres*, les *spathes*, les
nectaires, le *réceptacle* et l'*aigrette*.

Bractées. Dans les premiers temps de sa croissance
la plante végéte avec force ; les sucs nourriciers affluent
avec abondance dans toutes ses parties, et les organes
produits acquièrent tout leur développement ; la tige
alors se revêt de feuilles bien caractérisées.

Mais par les progrès de la végétation la plante finit
par s'épuiser insensiblement, et les sommités des tiges
ou des rameaux offrent l'apparence d'un dépérisse-
ment visible ; les feuilles diminuent graduellement,
peu à peu leurs formes changent ainsi que leur couleur ; leurs divisions, si elles en présentent, s'effacent
complétement, de sorte que l'extrémité des rameaux
ne porte que de simples écailles. Ces feuilles dégé-
nérées qui avoisinent les fleurs portent le nom de *bractées* ou de *feuilles florales*. La fleur elle-même semblol
n'être que le résultat d'un dernier effort, et le pistil

que l'on doit regarder comme l'extrémité la plus avancée du rameau, offre le dernier degré de cette dégénérescence des organes.

Dans un certain nombre de plantes, par exemple les anémones, il existe un peu au-dessous de la fleur, plusieurs feuilles formant une sorte de couronne autour de la tige; ces feuilles conservent presque tous les caractères des feuilles de la plante; leur réunion est appelée *involucre*. On donne aussi ce nom à de petites folioles qui se trouvent à la base des ombelles dans les plantes ombellifères; celles qui se trouvent à la base des ombellules se nomment *involucelle*. Le calice vert et foliacé des fleurs peut lui-même être considéré comme un involucelle placé sous la corolle.

Lorsque les bractées qui accompagnent les fleurs sont serrées, qu'elles se recouvrent à la manière des tuiles d'un toit, que les fleurs sont rassemblées en tête serrée, elles forment un *péricline*, et la tête de fleurs entourée par le péricline est nommée *calathide* ou *capitule*, exemple les scabieuses, le pissenlit, la chicorée, les chardons, etc.

30. Les fleurs de beaucoup de plantes, par exemple celles des iris, de l'ail, etc., sont enfermées avant leur épanouissement dans une feuille membraneuse qui se déchire à l'époque de la floraison et laisse paraître le bouton; on l'appelle *spathe*, et chacune des fleurs est enveloppée d'une petite spathe qu'on nomme *spathelle*.

3.

Les *nectaires* sont des productions qu'on rencontre dans l'intérieur de beaucoup de corolles, et qui ont des formes très-diverses; tantôt ce sont de simples écailles, tantôt elles simulent des cornets, des tubes, des éperons. Les nectaires ont pour fonctions de sécréter une liqueur mielleuse et sucrée dont les insectes sont très-avides.

On donne le nom de *réceptacle* à la partie élargie du pédoncule où sont insérées les diverses parties qui composent la fleur. Dans quelques plantes le réceptacle prend un accroissement considérable; c'est ainsi qu'il constitue, dans l'artichaut, la partie blanche et charnue que l'on mange.

Enfin on désigne sous le nom d'*aigrette* un assemblage de poils ou de soies qui accompagnent les fruits d'un certain nombre de plantes, surtout dans la famille des composées, et qui servent principalement au transport des graines. On peut voir un exemple de la présence de l'aigrette sur une plante très-commune sur le bord des routes, le pissenlit; ses fruits sont réunis en boule au sommet du pédoncule et tous terminés par une aigrette légère qui devient le jouet du moindre vent et emporte avec elle le fruit qu'elle surmonte.

Du fruit.

31. Lorsque le pollen a exercé son action sur les ovules, ceux-ci commencent à se développer; ils attirent à eux toute la sève élaborée dans les tissus de la

plante ; les enveloppes florales se flétrissent, les étamines tombent, les styles se dessèchent ; en un mot, la vie semble concentrée dans l'ovaire. Celui-ci s'accroît en pro—portion et mûrit ; il constitue alors le fruit. Le fruit n'est donc qu'un ovaire qui s'est accru en mûrissant.

On distingue dans le fruit deux parties : les *graines* et l'enveloppe qui les renferme ou le *péricarpe*.

Péricarpe. Le péricarpe est la partie extérieure du fruit ; il recouvre et renferme les graines. On y distingue trois parties : 1° la plus extérieure, qui est une enveloppe mince, appelée *épicarpe ;* 2° la membrane intérieure qui tapisse les cavités occupées par les graines : on l'appelle *endocarpe ;* 3° la partie intermédiaire entre les deux précédentes, souvent épaisse, charnue, de consistance molle ; elle a reçu le nom de *mésocarpe* ou *sarcocarpe* [1].

Comme l'ovaire le fruit peut être *uniloculaire*, *biloculaire*, *multiloculaire*, suivant qu'il est divisé en une seule, en deux ou en un plus grand nombre de loges. Ces loges sont dites *monospermes*, *dispermes*,

[1] On peut très-facilement se faire une idée exacte de ces trois parties en les étudiant dans une pomme. La *pellicule* mince colorée qui recouvre ce fruit est l'épicarpe ; l'endocarpe est la membrane interne qui renferme les graines en formant les cavités dans lesquelles elles sont logées, enfin la partie charnue qu'on mange est le mésocarpe ou sarcocarpe.

polyspermes, suivant qu'elles renferment une, deux ou un grand nombre de graines.

Chaque loge d'un fruit doit être regardée comme un fruit partiel qui reçoit le nom de *carpelle*. Les carpelles sont séparées entre elles par des *cloisons*.

Lorsque les carpelles se séparent naturellement ou qu'elles s'ouvrent de manière à mettre les graines en liberté, on dit que le fruit est *déhiscent* ; il est au contraire *indéhiscent* lorsque les graines ne se séparent pas naturellement du péricarpe.

32. *Graine.* On donne le nom de *graines* à des corps plus ou moins volumineux, de formes variables, renfermées dans le péricarpe et susceptibles de donner naissance à des plantes semblables à celles d'où elles proviennent lorsqu'elles sont placées dans des circonstances favorables.

On distingue dans la graine deux parties : 1° l'*épisperme* ou l'enveloppe extérieure ; 2° l'*amande*. Le haricot commun servira très-bien à faire connaître les diverses parties dont se compose la graine.

La pellicule blanche ou diversement colorée qu'il présente à l'extérieur est l'*épisperme*. Si on l'enlève avec précaution on trouve au-dessous une amande composée de deux moitiés accolées : ce sont les *cotylédons*. En séparant ces deux lobes cotylédonaires on voit à leur base un petit corps appelée *embryon*, dont une moitié se cache dans l'intérieur de l'amande et nontre deux rudiments de feuilles : c'est la *plumule* :u la *tigelle*, partie qui doit produire la tige ; l'autre noitié se dirige à l'extérieur de l'amande : c'est la ra-licule ou le rudiment de la racine.

Les graines sont attachées au péricarpe au moyen d'un :etit filament auquel on donne le nom de *cordon ombi-ical*. Le point de la graine auquel le cordon ombilical :st attaché se nomme *hile* ou *ombilic ;* le hile est très-isible dans le fruit du marronier où il est d'une cou-eur moins foncée que le reste de l'épisperme.

Les cotylédons sont destinés à fournir à la jeune)lante une nourriture toute préparée à l'époque de la :ermination. Aussitôt que la radicule a acquis assez de 'orce pour puiser les sucs renfermés dans le sol, ils :e flétrissent et tombent. Toutes les graines n'ont pas leux cotylédons ; il en est qui n'en présentent qu'un :eul, ainsi le blé, l'orge, etc. On les appelle *monoco-'ylédones ;* les végétaux dont les graines renferment leux cotylédons sont appelés *dicotylédones ;* enfin il :n est un certain nombre qui en sont tout à fait dépour-vus, ils ont reçu le nom d'*acotylédones :* tels sont les :hampignons, les lichens.

Classification des fruits.

33. Les fruits sont divisés en *fruits secs* et en *fruits mous* ou *charnus*. Parmi les fruits secs il en est un certain nombre qui s'ouvrent à la maturité ; d'autres

restent indéhiscents, c'est-à-dire qu'ils ne s'ouvrent pas.

Fruits secs déhiscents. Les fruits secs qui s'ouvrent d'eux-mêmes sont :

La gousse ou *légume :* c'est le fruit des légumineuses. Il se présente sous la forme d'un fruit allongé, s'ouvrant en deux *valves* et renfermant des graines attachées sur un seul de ses bords, exemple le pois, le haricot;

La silique, fruit alongé dont les graines sont attachées à ses deux bords; exemple le chou, la giroflée et toutes les plantes dites crucifères;

La capsule proprement dite, qui comprend tous les fruits secs déhiscents dont la forme est indéterminée;

Fruits secs indéhiscents. Les principales modifications que présentent ces fruits, sont :

La cariopse, c'est un fruit simple, à une seule graine, dont le péricarpe et l'amande, intimement soudés, ne font qu'un seul corps; exemple le blé, l'orge et toutes les graminées;

La samare, fruit membraneux, bordé de deux ailes minces, exemple : le fruit de l'orme, de l'érable, etc.,

Le *gland,* fruit à une seule loge, à une seule graine, entouré d'un involucre écailleux, nommé *cupule;* exemple le fruit des chênes, du noisetier, du châtaignier ;

Fruits charnus. Parmi les fruits charnus on distingue :

La pomme, fruit charnu dont le sommet est cou--

onné par les lobes du calice ; exemple la pomme, la
oire ;

La *baie*, fruit charnu dont les graines sont logées au
nilieu d'une substance molle et succulente appelée
nulpe.

Résumé.

34. D'après les principes qui viennent d'être exposés,
oici comme on devra s'y prendre pour étudier une
lante et pour la décrire :

On commence par la racine ; on dit quelle est sa
orme, si elle est *pivotante*, *fibreuse*, *tubériforme* ou
ulbifère ;

Puis la tige : il faut faire attention d'abord à sa *di-
rection*, si elle est *droite*, *couchée*, *rampante*, *grim-
rante* ou *volubile ;* à sa *consistance*, si elle est *ligneuse*
u *herbacée ;* à sa *forme*, si elle est *cylindrique*, *à trois
ingles*, *carrée*, *striée*, c'est-à-dire marquée de lignes
ppelées stries ; à sa *surface*, si elle est *glabre*, *vélue*,
oilue, *hérissée*, *aiguillonnée*, *épineuse*, etc., si elle
st *simple* ou *rameuse ;*

Les *feuilles*, si elles sont simples ou composées ;
eurs *formes*, si elles sont *étroites*, *linéaires*, *lancéo-
ées*, *ovales*, *cordiformes*, *arrondies*, etc ; leur *at-
ache*, si elles sont *sessiles* ou *pétiolées*, *embrassantes*
u *décurrentes ;* leurs *découpures*, si elles sont *dentées*,
obées, *palmées*, *incisées*, *pinnatifides*, *digitées*, *ai-
ées* avec ou sans impaire ; leur *position*, si elles sont

alternes , opposées , verticillées ou si elles naissent de
la racine *(radicales)* ; leur *surface*, si elles sont *vélues*
poilues ou *glabres* ou *luisantes ;*

Puis les fleurs : on examinera si elles sont *sessiles* ou
pédonculées, *complètes* ou *incomplètes ;* leur *arrange-*
ment sur la tige , si elles sont *solitaires* ou en *bouquets*
axillaires ou *terminales* , *en épi*, *en panicule* , *en co-*
rymbe , *en ombelle* , etc. ; si le calice est *monosépale* ou
polysépale , *entier* ou *divisé* , *régulier* ou *irrégulier*
glabre ou *vélu* , etc. ; si la corolle est *monopétale* ou
polypétale , *entière* ou *divisée* , en *cloche* , en *roue* , en
entonnoir, en *rose* ou *rosacée*, en *croix* ou *cruciforme*
papilionacée , en *gueule* , en *casque* , *éperonée* , etc. .

On dira avec soin le nombre des *étamines* , leur
grandeur ; si elles sont *libres* ou *réunies ;* si elles son
réunies par les filets ou par les anthères ;

On indiquera le nombre des *ovaires* ; s'ils sont *su-*
pères ou *infères* , combien de *loges* ils présentent
combien de *graines* sont contenues dans ces loges ; on
dira le nombre des *styles* , la forme des *stigmates ;*

Les *fruits* devront aussi être décrits avec soin ; s'il
sont *simples* ou *composés, mous* ou *secs* , s'ils s'ouvrent
naturellement ou s'ils restent fermés ; on décrira leur
formes, etc. ; enfin on devra aussi faire la description
des *graines*, toutes les fois que la chose sera possible. .

CLEF DU SYSTÈME SEXUEL DE LINNÉ.

		CLASSES.	Pages.
1	étamine.	1 MONANDRIE	49
2	—	2 DIANDRIE	50
3	—	3 TRIANDRIE	57
4	—	4 TÉTRANDRIE	81
5	—	5 PENTANDRIE	92
6	—	6 HEXANDRIE	132
7	—	7 HEPTANDRIE	145
8	—	8 OCTANDRIE	146
9	—	9 ENNÉANDRIE	152
10	—	10 DÉCANDRIE	153
12 à 19	—	11 DODÉCANDRIE	163

Nombre (En proportion indéterminée.)

Nombre et insertion. { Plus de 20 insérées sur le calice . . 12 ISOSANDRIE . . 165
{ Plus de 20 insérées sur le réceptacle. 13 POLYANDRIE . . 174

Étamines libres.

En proportion déterminée. { 4 étamines, dont 2 plus grandes. . . . . 14 DIDYNAMIE . . 182
{ 6 étamines, dont 4 plus grandes. . . . . 15 TÉTRADYNAMIE . 196

Étamines distinctes du pistil.

Étamines réunies. { Par les filets { En un seul faisceau . . . . 16 MONADELPHIE . 207
{ En 2 faisceaux. . . . . 17 DIADELPHIE . . 211
{ En plusieurs faisceaux . . . . 18 POLYADELPHIE . 223
{ Par les anthères . . . . 19 SYNGÉNÉSIE . . 224

Fleurs hermaphrodites.

Étamines soudées avec le pistil. . . . . 20 GYNANDRIE . . 248

Organes sexuels visibles.

Fleurs unisexuelles. { Fleurs mâles et fleurs femelles séparées , mais sur la même plante. . . . . 21 MONŒCIE . . 254
{ Fleurs mâles et fleurs femelles séparées chacune sur des plantes différentes, mais de même espèce . 22 DIOECIE . . . 270

Organes sexuels invisibles . . . . 23 CRYPTOGAMIE . 298

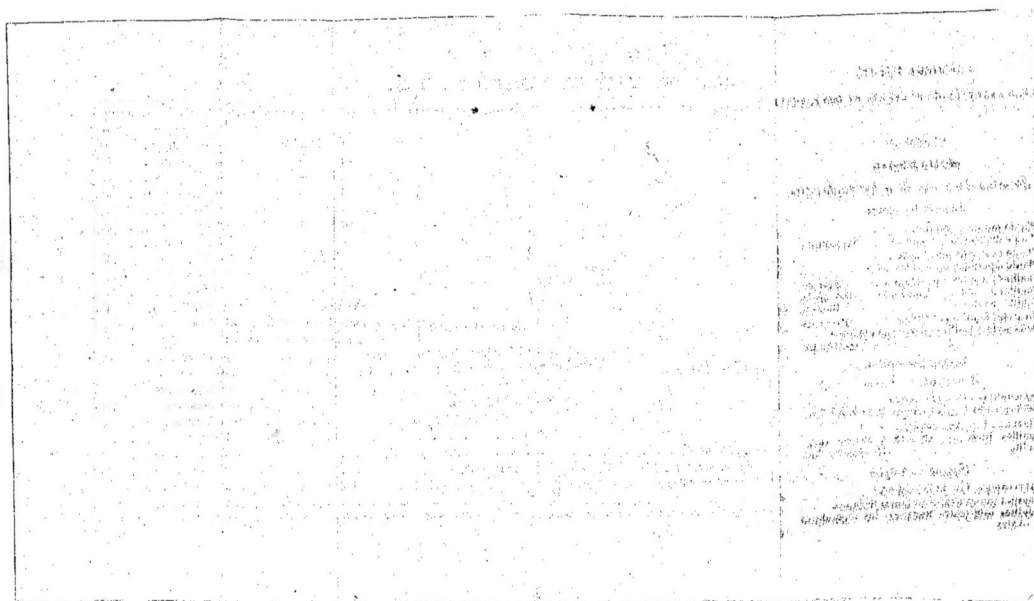

PREMIÈRE PARTIE.

CLASSE Ire.

MONANDRIE.

1 Étamine dans une fleur hermaphrodite.

Analyse des genres.

1 ⎰ Plante munie de feuilles **2**
  ⎱ Plante dépourvue de feuilles. . SALICORNIA. **5**

2 ⎰ Plante croissant sur la terre **3**
  ⎱ Plante aquatique ou marécageuse **4**

3 ⎧ Feuilles linéaires, engainantes . . . *Festuca.*
  ⎨ Feuilles arrondies, à trois lobes. . *Alchemilla.*
  ⎩ Feuilles ovales . . . . BLITUM. **12**

4 ⎧ Un style; feuilles verticillées. . . HIPPURIS. **6**
  ⎨ Deux styles; feuilles alternes ou opposées . .
  ⎩ . . . . CALLITRICHE. **7**

Analyse des espèces.

Monogynie. — 1 style.

5 | SALICORNIA. Lin. *Chénopodées.*
  Fleurs sessiles, ternées, en épis. *S. herbacea.* Lin.

6 | HIPPURIS. Lin. *Hippuridées.*
  Feuilles linéaires, 10—15 à chaque verticille . . . . *H. vulgaris.* Lin.

Digynie. — 2 styles.

7 | CALLITRICHE. Lin. *Callitrichinées* **8**
  ⎧ Feuilles toutes ovales ou toutes linéaires. . . **9**
8 ⎨ Feuilles inférieures linéaires, les supérieures
  ⎩ ovales **10**

4

9 { Feuilles toutes ovales . . .*C. stagnalis.* Scop.
{ Feuilles toutes linéaires . *C. autumnalis.* Lin.

10 { Styles divergents ou recourbés **141**
{ Styles dressés. . . . . .*C. vernalis.* Kütz.

11 { Sépales courbés en crochet au sommet; styles
réfléchis et appliqués contre les faces planes
du fruit . . . . . .*C. hamulata.* Kütz.
Sépales courbés en faux et connivents au sommet; styles à la fin réfléchis dans la direc-
tion des bords du fruit. *C. platycarpa.* Kütz.

12 | BLITUM. Lin. *Chénopodées* **135**

13 { Capitules de fleurs solitaires à l'aisselle des
feuilles; tige feuillée jusqu'au sommet.
. . . .*B. virgatum.* Lin.
Capitules disposés en épis terminaux; tige nue
au sommet . . . . .*B. capitatum.* Lin.

CLASSE II.

DIANDRIE.

2 *Étamines dans une fleur hermaphrodite.*

Analyse des genres.

14 { Arbre ou arbrisseau. **158**
{ Herbe ou sous-arbrisseau. **175**

15 { Feuilles simples; arbrisseau **160**
{ Feuilles ailées; arbre élevé . . . FRAXINUS. **428**

16 { Feuilles ovales-lancéolées . . . LIGUSTRUM. **400**
{ Feuilles élargies en cœur à la base. .SYRINGA. **411**

17 { Un calice et une corolle distincts **188**
{ Périgone ayant l'apparence d'un calice ou nul. **275**

18 { Corolle prolongée à sa base en éperon . . . **192**
{ Corolle non éperonnée à la base **200**

32 { Epillets à 3 fleurs dont 2 inférieures stériles ; glumelle mutique dans la fleur fertile, aristée dans les fleurs stériles . ANTHOXANTHUM. 81 ¦
Epillets multiflores ; fleurs toutes fertiles ; glumelles toutes aristées. . . . . *Bromus.*

Analyse des espèces.

Monogynie. — *1 style.*

33 | LEMNA. Lin. *Lemnacées.* . . . . 34 ¦
34 { Feuille entière . . . . . . *L. minor.* Lin.
Feuille crénelée . . . *L. strisulca.* Lin.

35 | THELMATOPHACE. Schleid. *Lemnacées* . . . 36 ¦
36 { Radicelle solitaire ; feuille orbiculaire . . .
. . . . *T. gibba.* Schleid.
Radicelles fasciculées ; feuille plane . . .
. . . . *T. polyrrhiza.* Godron.

37 | CIRCÆA. Lin. *Onagraires* . . . . . . 38 ¦
38 { Des bractées sétacées sous les pédicelles. . . 39 ¦
Point de bractées sous les pédicelles. . . .
. . . . *C. luteliana.* Lin.

39 { Pétales aussi longs que le calice . . . . .
. . . . *C. intermedia.* Ehrh.
Pétales plus courts que le calice. *C. alpina.* Lin.

40 | LIGUSTRUM. Tournef. *Jasminées.*
Feuilles ovales-lancéolées ; baies noires. . .
. . . . *L. vulgare.* Lin.

41 | SYRINGA. Lin. *Oléacées.*
Feuilles en cœur ; grappes dressées . . . . .
. . . . *S. vulgaris.* Lin.

42 | FRAXINUS. Lin. *Oléacées.* . . . . . 43 ¦
43 { Un calice et une corolle . . .*F. Ornus.* Lin.
Calice et corolle nuls . . .*F. excelsior.* Lin.

144 | PINGUICULA. Lin. *Lentibulariées.*
    Feuilles ovales, entières ; 1-4 hampes dressées.
       . . . . *P. vulgaris.* Lin.

145 | UTRICULARIA. Lin. *Lentibulariées.*   46
146 { Pédoncules fructifères dressés   47
    { Pédoncules à la fin réfléchis.   *U. minor.* Lin.

147 { Lèvre supér. de la cor. plus longue que le pa-
       lais. . . . . . *U. intermedia.* Hayn.
    { Lèvre supér. de la cor. ne dépassant pas le pa-
       lais. . . . . *U. vulgaris.* Lin.

148 | GRATIOLA. Lin. *Antirrhinées.*
    Feuilles lancéolées, dentées ; fleurs pédoncu-
       lées. . . . . . . *G. officinalis.* Lin.

149 | VERONICA. Tournef. *Antirrhinées.*   50
150 { Pédoncules uniflores, solitaires à l'aisselle des
       feuilles qui sont toutes semblables ; point de
       bractées florales.   51
    { Feurs disposées en épis terminaux ou en
       grappes axillaires ; des bractées à la base des
       pédicelles   57

151 { Capsule glabre. . . . *V. hederifolia.* Lin.
    { Capsule velue ou pubescente   52

152 { Pédoncules recourbés après la floraison ; tiges
       couchées   53
    { Pédoncules dressés ; tiges droites ou ascen-
       dantes   54

153 { Capsule dont la largeur dépasse évidemment
       la hauteur.   55
    { Capsule dont la largeur ne dépasse pas la
       hauteur   56

154 { Feuilles caulinaires pétiolées, irrégulièrement
       incisées ; corolle plus longue que le calice.
       . . . .*V. præcox.* All.
    { Feuilles caulinaires sessiles , palmatifides ; co-
       rolle plus courte que le calice. *V. triphyllos.* L.

55 { Pédoncules supérieurs plus longs que les feuill.; capsule réticulée - veinée, insensiblement amincie sur les bords. *V. Buxbaumii.* Ten.
Pédoncules supérieurs ne dépassant point les feuilles; capsule crispée-velue, à lobes renflés. . . . . *V. opaca.* Fries.

56 { Feuilles ovales-oblongues; capsule veinée, couverte de poils épars. .*V. agrestis.* Lin.
Feuilles ovales-en-cœur, subréniformes; capsule non veinée, couverte de poils serrés. . . . . *V. didyma.* Ten.

57 { Fleurs en grappes lâches, terminant visiblement les tiges ou les rameaux feuillés jusqu'à la naissance des fleurs 58
Fleurs en grappes lâches, naissant de l'aisselle des feuilles supérieures, et ordinairement nues dans le bas. 63
Fleurs en épis serrés au nombre de 1-5 au sommet de la tige qui est toujours simple. . . 72

58 { Plante glabre, ou à peu près glabre au moins inférieurement 59
Plante velue ou pubescente 61

59 { Grappes glabres, très-fournies; caps. glabre, plus large que haute 60
Grappes poilues-glanduleuses au sommet, peu fournies; caps. velue, plus haute que large. . . . .*V. saxatilis.* Jacq.

60 { Pédicelles quadrangulaires, plus courts que les calices. . . . . . .*V. peregrina.* Lin.
Pédicelles cylindriques, plus longs que les calices. . . . . . *V. serpillifolia.* Lin.

61 { Pédicelles dressés, plus courts que les calices. 62
Pédicelles étalés, 2-3 fois plus longs que les calices. . . . . . *V. acinifolia.* Lin.

62 { Feuilles ovales-en-cœur; caps. divisée jusqu'au
    tiers . . . . *V. arvensis*. Lin.
    Feuilles pinnatipartites; caps. presque entière. .
    . . . . *V. verna*. Lin.

63 { Calice à 4 lobes. 64
    Calice à 5 lobes dont un très-petit 71

64 { Plante entièrement glabre 65
    Plante velue ou pubescente. 67

65 { Grappes opposées; feuilles ovales ou ovales-
    lancéolées. 66
    Grappes alternes; feuilles lancéolées-linéaires.
    . . . . *V. scutellata*. Lin.

66 { Feuill. pétiolées; tige pleine. *V. Beccabunga*. L.
    Feuill. sessiles; tige fistuleuse. *V. Anagallis*. L.

67 { Poils de la tige réunis sur 2 rangs opposés.
    . . . . *V. Chamœdrys*. Lin.
    Poils de la tige épars 68

68 { Feuilles pétiolées 69
    Feuilles sessiles. 70

69 { Feuilles arrondies à la base; grappes lâches.
    . . . . *V. montana*. Lin.
    Feuilles atténuées à la base; grappes serrées.
    . . . . *V. officinalis*. Lin.

70 { Feuilles lancéolées-linéaires . . . . . .
    . . . *V. scutellata. .var. b. pubescens*.
    Feuilles ovales-en-cœur. *V. urticifolia*. Lin.

71 { Feuilles supérieures sessiles; capsule glabre.
    . . . . *V. prostrata*. Lin.
    Feuilles supérieures pétiolées; capsule velue.
    . . . . *V. latifolia*. Lin.

72 { Bractées ne dépassant point les pédicelles . . 73
    Bractées plus longues que les pédicelles . . .
    . . . . *V. spicata*. Lin.

73 { Feuilles oblongues ou lancéolées ; bractées linéaires-lancéolées. . . . *V. spuria*. Lin.
Feuilles ovales ou en cœur ; bractées linéaires-subulées . . . . . .*V. longifolia*. Lin.

74 | LYCOPUS. Lin. *Labiées.*
Feuill. ovales, incisées à la base ; fleurs blanches.
. . . .*L. Europœus*. Lin.

75 | ROSMARINUS. Tournef. *Labiées.*
Feuilles linéaires, sessiles, roulées en dessous.
. . . .*R. officinalis*. Lin.

76 | SALVIA. Lin. *Labiées.*   77

77 { Tube de la corolle muni en dedans d'un anneau de poils . . . .*S. officinalis*. Lin.
Point d'anneau de poils dans le tube de la corol.   78

78 { Fleurs jaunâtres. . . . *S. glutinosa*. Lin.
Fleurs blanches, roses ou bleues   79

79 { Bractées verdâtres, plus courtes que les calices.   80
Bractées colorées, plus longues que les calices.
. . . .*S. sclarea*. Lin.

80 { Lèvre supérieure de la corolle comprimée.
. . . .*S. pratensis*. Lin.
Lèvre supérieure de la corolle voûtée, non comprimée. . . . . . *S. verticillata*. Lin.

81 | ANTHOXANTHUM. Lin, *Graminées.*
Fleurs odorantes . . . *A. odoratum*. Lin.

CLASSE III.

TRIANDRIE.

3 étamines dans une fleur hermaphrodite.

Analyse des genres.

82 { Feuilles alternes ou radicales 83
Feuilles opposées ou verticillées 144

83 { Enveloppe florale colorée et ayant l'apparence
d'une corolle. 84
Enveloppe florale glumacée, ayant l'apparence
d'un calice 87

84 { Ovaire supère, placé dans la fleur. . **Juncus.**
Ovaire infère ou adhérent, placé sous le périgone 85

85 { Style nul; 3 stygmates pétaloïdes, couvrant les
étamines . . . . **Iris.** 163
Un style; stygmates non pétaloïdes 86

86 { Fleurs parfaitement régulières, naissant, ainsi
que les feuilles, d'un bulbe . . .**Crocus.** 169
Fleurs à divisions obliques, un peu inégales,
portées sur une tige distincte. .**Gladiolus.** 170

87 { Calice régulier à 5 divisions; fleurs axillaires,
sessiles. . . . . **Polycnemum.** 172
Enveloppe florale remplacée par une ou plusieurs écailles; fleurs réunies en épis ou en
panicule 88

88 { Tige garnie de nœuds de distance en distance;
gaîne des feuilles fendue. 89
Tige dépourvue de nœuds; gaîne des feuilles
entière. 140

89 | **Graminées.** { Deux étamines 81
Trois étamines 90

4.

90 { Glume ou écaille extérieure ne renfermant qu'une seule fleur 91
   { Glume renfermant 2 ou un plus grand nombre de fleurs 107

91 { Une glume et une glumelle. 93
   { Une glumelle; glume nulle. 92

92 { Fleurs en épis unilatéraux . . . .NARDUS. 207
   { Fleurs en panicule lâche. . . . .LEERSIA. 208

93 { Glume et glumelle mutiques 94
   { Une ou plusieurs arêtes à la glume ou à la glumelle 101

94 { Fleurs en épis simples , cylindriques. . . . 95
   { Fleurs en épis digités ou agglomérés . . . 97
   { Fleurs en panicule plus ou moins étalée et ramifiée 98

95 { Glume à 2 valves inégales, plus courtes que la fleur ou l'égalant à peine. . . .CRYPSIS. 208
   { Glume à 2 valves égales, plus longues que la fleur. . . . . .PHLEUM. 209
   { Glume à 3 valves [1] 96

96 { Epillets disposés en un épi terminal , et pourvus à la base de leur pédicelle d'un involucre ou bractée soyeuse, simulant un involucre. . . . . SETARIA. 212
   { Epillets disposés en plusieurs épis linéaires verticillés, ou en panicule et dépourvus de bractées. . . . . .PANICUM. 217

97 { Valves des glumes écartées; épillets non géminés. . . . . .CYNODON. 216
   { Valves des glumes serrées; épillets géminés. . . . . .PANICUM. 217

98 { Glume bivalve 99
   { Glume à 3 valves . . . . . . PANICUM. 217

[1] Ici la troisième valve est constituée par la valve inférieure d'une fleur stérile dont la valve supérieure manque.

[1] La troisième valve constituée par une deuxième fleur rudimentaire.

[1] Le genre Carex, le principal de cette famille, appartient à la 21e classe, la Monoëcie.

Analyse des espèces.

Monogynie. — 1 style.

158 { Fruit comprimé, arrondi; calice à 3 dents peu distinctes; loges vides du fruit, sép. par une cloison incomplète. *V. olitoria*. Mœnch.
Fruit presque tétragone; calice à 1 dent; loges vides du fruit séparées par une cloison complète. . . . *V. carinata*. Lois.

159 { Loges stériles du fruit très-étroites, filiformes. 160
Loges steriles égalant ou dépassant la loge fertile 161

160 { Rameaux divariqués, planes en dessus; limbe du calice plus étroit que le fruit mûr. . . . . *V. Morisonii*. Dec.
Rameaux non divariqués, canaliculés en dessus; limbe du calice aussi large que le fruit mûr . . . *V. eriocarpa*. Desv.

161 { Limbe du calice prolongé en arrière en une dent oblongue-obtuse, concave à la base. . . . . *V. Auricula*. Dec.
Limbe du calice prolongé en arrière en une dent triangulaire aiguë. *V. dentata*. Dec.

162 | **Montia**. Lin. *Portulacées*.
Tiges couchées; feuilles spatulées, entières. . . . . *M. fontana*. Lin.

163 | **Iris**. Lin. *Iridées*. 164
164 { Fleur barbue en dedans 165
Fleur tout à fait glabre 166

165 { Tige uniflore. . . . . *I. pumila*. Lin.
Tige pluriflore . . . *I. germanica*. Lin.

166 { Fleurs jaunes. . . *I. Pseudo-Acorus*. Lin.
Fleurs bleues ou violettes. 167

167 { Tige uniflore ou biflore, plus courte que les feuilles 168
Tige pluriflore, plus longue que les feuilles. . . . . *I. spuria*. Lin.

168 { Tige cylindrique; ovaire trigone. . . . . *I. pratensis.* Lam.
Tige comprimée; ovaire à 6 angles . . . . *I. graminea.* Lin.

169 | CROCUS. Lin. *Iridées.*
Fleur barbue à la gorge; hampe entourée de gaînes. . . . . . *C. vernus.* All.

170 | GLADIOLUS. Lin. *Iridées* . . . . . . 17˥

171 { Div. sup. du périgone conniventes; 5-8 fleurs. . . . . . . *G. communis.* Lin.
Div. supér. du périgone étalées; 3-4 fleurs. . . . . . . *G. Boucheanus.* Schl.

172 | POLYCNEMUM. Lin. *Chénopodées.*
Tige étalée; feuilles subulées, triquètres. . . . . . . *P. arvense.* Lin.

173 | CYPERUS. Lin. *Cypéracées* . . . . . . 174˥

174 { Involucre de 4-6 feuill. inégales. *C. longus.* L.
Jamais plus de 3 feuilles à l'involucre . . 175˥

175 { Graines arrondies; fleurs jaunâtres, en tête terminale. . . . . *C. flavescens.* Lin.
Graines triquètres; fleurs noirâtres, en panicule. . . . . . *C. fuscus.* Lin.

176 | SCHOENUS. Lin. *Cypéracées* . . . . . 177˥

177 { Un seul épi terminal ou plusieurs épis sessiles et serrés . . . . 178˥
Plusieurs épis pédonculés et paniculés. . . 179˥

178 { Point de soies à la base de l'ovaire. . . . . *S. nigricans.* Lin.
Cinq à six soies à la base de chaque ovaire. . . . . *S. ferrugineus.* Lin.

179 { Tige cylindrique. . . *S. Mariscus.* Lin.
Tige triangulaire . . . . 1800˥

180 { Panicule blanchâtre; 3 soies hypogynes. . . . . *S. albus.* Lin.
Panicule rousse; 9-10 soies plus longues que l'ovaire . . . . . . *S. fuscus.* Lin.

193 — Racine émettant une tige simple, solitaire; épillets les uns sessiles, les autres pédicellés. 4

Racine émettant plusieurs tiges stériles radicantes; épillets tous pédicellés. . . . . *S. radicans.* Schk.

194 — Pédicelles rameux; écailles florales entières. . . . . *S. sylvaticus.* Lin.

Pédicelles simples; écailles florales bifides. . . . . *S. maritimus.* Lin.

195 — Tige rameuse, souvent submergée . . . . *S. fluitans.* Lin.

Tige simple 4

196 — Ovaire entouré de soies à la base . . . . *S. acicularis.* Lin.

Point de soies à la base de l'ovaire. . . . 4

197 — Racine fibreuse. 4

Racine rampante 22

198 — Graine trigone 4

Graine ovale, comprimée. *S. ovatus.* Roth.

199 — Ecaille inférieure plus courte que l'épillet; gaînes non prolongées en feuilles . . . . *S. pauciflorus.* Ligh.

Ecaille inférieure égalant l'épillet; gaîne prolongée en feuille courte. *S. cæspitosus.* L.

200 — Des écailles jaunâtres à la base des tiges; épi jaune. . . . . *S. cæspitosus.* Lin.

Point d'écailles à la base des tiges; épi jamais jaune 202

201 — Trois stygmates; écailles obtuses . . . 202

Deux stygmates; écailles pointues. . . 202

202 — Graine oblongue; marquée de côtes légères. . . . . *S. acicularis.* Lin.

Graine triangul., lisse. *S. pauciflorus.* Ligh.

5 { Ecaille inférieure enveloppant complète-
    ment la base de l'épillet.   *S. uniglumis.*
    Ecaille inférieure n'enveloppant qu'à moitié
    la base de l'épillet.   *S. palustris.* Brown.

4 | ERIOPHORUM. Lin. *Cypéracées* 205

5 { Plusieurs épillets sur la même tige. 206
    Un seul épillet sur la même tige. . . . .
    . . . . *E. vaginatum.* Lin.

6 { Pédoncules lisses; feuilles pliées . . . .
    . . . . *E. angustifolium.* Roth.
    Pédoncules scabres; feuilles planes. . . .
    . . . . *E. latifolium.* Hoppe.
    Pédoncules pubescents; feuilles trigones.
    . . . . *E. glacile.* Hoppe.

Digynie. — 2 styles.

7 | NARDUS. Lin. *Graminées.*
    Chaume gazonnant; feuill. roulées; épi raide.
    . . . . *N. stricta.* Lin.

8 | LEERSIA. Soland. *Graminées.*
    Valves de la glumelle hérissées sur la carène
    et sur les nervures . *L. oryzoïdes.* Sol.

8 | CRYPSIS. Ait. *Graminées.*
    Chaumes nombreux, genouillés, couchés à
    la base. . . . *C. alopecuroïdes.* Schr.

9 | PHLEUM. Lin. *Graminées.* 210

10 { Valves des glumes glab. *P. asperum.* Vill.
     Valves des glumes hispides sur le dos. . . 211

11 { Plante gazonnante; valves des glumes lan-
       céolées , obliquement tronquées ; épi
       aminci aux deux bouts. *P. Bœhemeri.* Wib.
     Plante non gazonnante; valves des glumes
       oblongues, tronquées à angle droit; épi
       obtus . . . . . . *P. pratense.* Lin.

222 | Phalaris. Lin. *Graminées* 223
223 { Valves de la glume ailées sur le dos , mais non
ciliées . . . . . *P. canariensis.* Lin.
Valves de la glume ciliées sur le dos , mais
non ailées. . . *P. arundinacea.* Lin.

224 | Millium. Lin. *Graminées.*
Panicule ouverte ; feuilles lancéolées - linéaires . . . . . *M. effusum.* Lin.

225 | Agrostis. Lin. *Graminées* 226
226 { Glume aristée . . .*A. Spica Venti.* Lin.
Glume mutique 227

227 { Feuilles toutes planes 228
Feuilles inférieures filiformes , roulées.
. . . . *A. canina.* L.

228 { Ligule tronquée ; panicule lâche, divariquée.
. . . . *A. vulgaris.* With.
Ligule oblongue, panicule resserrée . . .
. . . . *A. stolonifera.* Lin.

229 | Hordeum. Lin. *Graminées* 230
230 { Epis cylindriques 231
Epis disposées sur 2 ou plus de 2 rangs . . 232

231 { Gaînes des feuilles pubescentes . . . . .
. . . . *H. murinum.* Lin.
Gaînes des feuill. glabres. *H. pratense.* Huds.

232 { Fleurs toutes hermaphrodites 233
Fleurs latérales mâles. 234

233 { Fleurs disposées sur 6 rangs égaux . . . .
. . . . . . *H. hexastichon.* Lin.
Fleurs disposées sur 6 rangs dont 2 proémi-
nents. . . . . . *H. vulgare.* Lin.

234 { Epi pyramidal, plus large à la base. . . .
. . . . . . *H. Zeocriton.* Lin.
Epi d'égale largeur au sommet et à la base.
. . . . *H. distichon.* Lin.

247 { Poils de la longueur de la glumelle ou plus courts qu'elle ; arête à peine plus longue que la glume. . . . .*C. montana.* Host.
Poils plus longs que la glumelle ; arête plus longue que la glume. .*C. sylvatica.* Dec.

248 | KOELERIA. Pers. *Graminées* 249

249 { Feuilles inférieures ciliées. *K. cristata.* Pers.
Toutes les feuilles glabres. *K. glauca.* Dec.

250 | TRIODIA. Brown. *Graminées.*
Chaumes à la fin redressés ; épillets pédicellés. . . . . . .*T. decumbens.* Beauv.

251 | SESLERIA. Arduin. *Graminées.*
Epillets à 2-3 fleurs ; feuilles linéaires, mucronées. . . . . . *S. cœrulea.* Ard.

252 | ELYMUS. Lin. *Graminées.*
Epillets rudes ; feuilles glabres ; gaînes poilues. . . . . . *E. Europæus.* Lin.

253 | SECALE. Lin. *Graminées.*
Feuill. glabres ; épillets dépassant les glumes.
. . . . *S. Cereale.* Lin.

254 | TRITICUM. Lin. *Graminées* 255

255 { Epillets imbriqués et serrés, formant un épi dense 256
Epillets écartés, non imbriqués. 260

256 { Epi simple 257
Epi ramifié à la base. *T. compositum.* Lin.

257 { Epillets disposés sur 4 rangs. 258
Epillets disposés sur 2 rangs . . . . .
. . . . *T. monococcum.* Lin.

258 { Epillets disposés sur 4 rangs égaux . . .
. . . . *T. vulgare.* Vill.
Epillets disposés sur 4 rangs dont 2 plus larges 259

5

272 {
Arête nulle ou insérée au fond de l'échan-
crure . . . . 272 *bis*
Arête exactement terminale. 273

272
bis. {
Epi unilatéral; valve supér. de la glumelle
aiguë. . . . . . *F. tenuiflora.* Schr.
Epi distique; valve supér. de la glumelle obtuse. . . . . . *F. Lachenalii.* Spen.

273 {
Chaume nu supérieurement; épi dressé.
. . . . *F. sciuroides.* Roth.
Chaume recouvert par les gaînes; épi penché.
. . . . *F. Pseudo-Myuros.* Willem.

274 {
Glumelle terminée par une arête distincte. 275
Glumelle aiguë, mais sans arête. 281

275 {
Feuilles inférieures roulées ou pliées, les supérieures planes. . . . *F. rubra.* Lin.
Feuilles toutes roulées ou pliées, ou toutes
planes 276

276 {
Feuilles planes 277
Feuilles filiformes ou roulées, ou pliées en
long. 279

277 {
Arête plus courte que la valve 278
Arête une fois plus longue que la valve.
. . . . *F. gigantea.* Vill.

278 {
Panicule serrée; épillets de 5-10 fleurs.
. . . . *F. elatior.* Lin.
Panicule diffuse; épillets de 4-5 fleurs.
. . . . . . *F. arundinacea.* Schreb.

279 {
Glumelle entièrement glabre 280
Glumelle velue au sommet; feuilles glauques.
. . . . *F. glauca.* Lam.

280 {
Feuilles entièrement glabres, non carénées.
. . . . *F. ovina.* Lin.
Feuilles pliées en carène, velues sur la face
concave. . . . . . *F. duriuscula* Lin.

281 {
Feuilles planes ou simplement carenées. . . 282
Feuilles filiformes et roulées sur elles-mêmes.
. . . . *F. ovina*, Lin.

282 {
Ovaire glabre ; valve supérieure de la glumelle ciliée 283
Ovaire poilu au sommet ; valve supérieure de
la glumelle non ciliée. *F. sylvatica*. Vill.

283 | BRACHYPODIUM. Beauv. *Graminées* . . . 284

284 {
Arêtes des fleurs supérieures plus lon-
gues que la glumelle ; racine fibreuse.
. . . . . *B. sylvaticum*. R. et Sch.
Arêtes des fleurs supérieures plus courtes que
la glumelle ; racine rampante . . . .
. . . . *B. pinnatum*. Beauv.

285 | AIRA. Lin. *Graminées*. 286

286 {
Feuilles planes, linéaires. *A cœspitosa*. Lin.
Feuilles filiformes, enroulées 287

287 {
Arête articulée et barbue au sommet . . .
. . . . *A. canescens*. Lin.
Arête genouillée, glabre. *A. flexuosa*. Lin.

288 | BROMUS. Lin. *Graminées*. 289

289 {
Feuilles glabres ; racine rampante. . . .
. . . . *B. inermis*. Leyser.
Feuilles pubescentes ou ciliées, au moins
les inférieures 290

290 {
Epillets glabres 291
Epillets pubescents 298

291 {
Gaînes des feuilles glabres. *B. secalinus*. Lin.
Gaînes des feuilles, au moins les infér., velues 292

292 {
Arête plus longue que la valve 293
Arête de la longueur de la valve ou plus
courte qu'elle 298

293 {
Epillets élargis au sommet ; arêtes droites.
. . . . *B. sterilis*. Lin.
Epillets amincis au sommet ; arêtes re-
courbées 294

294
{ Fleurs écartées après la fleuraison. . . . . *B. patulus*. M. et K.
Fleurs imbriquées, même après la fleuraison. . . . . *B. squarrosus*. Lin.

295
{ Arêtes droites. 296
Arêtes réfléchies . . . *B. squarrosus*. Lin.

296
{ Gaînes toutes velues 297
Plusieurs des gaînes supérieures glabres. . . . . *B. racemosus*. Lin.

297
{ Chaume très-glabre et lisse. *B. arvensis*. L.
Chaume pubescent vers le haut. . . . . *B. tectorum*. Lin.

298
{ Arête plus courte que la valve ou aussi longue qu'elle. 299
Arête plus longue que la valve 293

299
{ Feuilles supérieures jamais plus larges que les inférieures. 300
Feuilles supérieures plus larges que les infé- rieures. . . . . . *B. erectus*. Huds.

300
{ Gaînes des feuilles glabres . . . . *B. velutinus*. Schrad.
Gaînes des feuilles velues ou pubescentes . 301

301
{ Arêtes plus courtes que les valves. *B. asper*. L.
Arêtes aussi longues que les valves . . . 302

302
{ Panicule spiciforme; plus de 5 fleurs dans chaque épillet. . . . . *B. mollis*. Lin.
Panicule unilatérale; rarement plus de cinq fleurs dans chaque épillet. *B. tectorum*. L.

303 | AVENA. Lin. *Graminées* 304

304
{ Feuilles planes 305
Feuilles pliées , enroulées ou filiformes . . 313

305
{ Feuilles ou chaumes glabres, au moins entre les nœuds. 306
Feuilles ou chaumes velus ou pubescents . 311

306
{ Valves à 1, 2 ou 3 nervures 310
Valves à plus de 3 nervures. 307

5.

•307 { Axe des fleurs hérissé ; valves des glumelles recouvertes extérieurement, de la base au milieu par des poils roux. *A. fatua.* Lin.
Axe des fleurs glabre ; valves des glumelles non recouvertes de poils roux 308

308 { Glumes dépassant les fleurs ; valves externes des glumelles bifides, mais non aristées . 309
Glumes de la longueur des fleurs ; valves externes des glumelles terminées par deux arêtes droites. . . . *A. strigosa.* Schr.

309 { Panicule étalée régulièrement ; fleur supérieure de l'épillet munie d'une arête courte. . . . . *A. sativa.* Lin.
Panicule contractée, presque unilatérale ; fleur supérieure de chaque épillet mutique. . . . . *A. orientalis.* Schr.

310 { Chaume renflé à la base en 2-3 tubérosités superposées et velu sur ses nœuds inférieurs . . . . . *A. bulbosa.* Willd.
Chaume sans tubérosité à la base et glabre sur ses nœuds. . . . *A. elatior.* Lin.

311 { Ovaire glabre. . . . *A. flavescens.* Lin.
Ovaire poilu au sommet 312

312 { Toutes les feuilles planes et velues sur les 2 faces ; gaînes poilues. *A. pubescens,* Lin.
Plusieurs feuilles radicales pliées et glabres ; gaînes lisses. . . . *A. pratensis.* Lin.

313 { Panicule diffuse ou étalée ; tige de 2-3 décimètres. 314
Panicule resserrée en épi ; tige de 10-15 centimètres. . . . . *A. præcox.* Beauv.

314 { Feuilles, au moins les inférieures, filiformes, cylindriques 315
Feuilles pliées sur leur face supérieure. . . . . *A. pratensis.* Lin.

315 { Glume plus longue que les fleurs . . . .
. . . . *A. caryophyllea*. Web.
Glumes ne dépassant point les fleurs . .
. . . . *A. flexuosa*. Lin.

316 | BRIZA. Lin. *Graminées*.
Panicule dressée; épillets de 5-6 fleurs . . .
. . . . *B. media*. Lin.

317 | MELICA. Lin. *Graminées* 318

318 { Valves de la glumelle glabres 319
Valve inférieure de la glumelle ciliée.
. . . . *M. ciliata*. Lin.

319 { 2-3 fleurs fertiles dans chaque épillet. . . 320
1 fleur fertile et 2 fleurs stériles dans chaque
épillet. . . . . . *M. uniflora*. Retz.

320 { Epillets pendants ; panicule unilatérale.
. . . . *M. nutans*. Lin.
Epillets dressés . . . *M. cœrulea*. Lin.

321 | POA. Lin. *Graminées* 322

322 { Epi ou panicule unilatérale 323
Panicule diffuse, étalée en tous sens . . . 326

323 { Chaume à peu près cylindrique. 324
Chaume comprimé surtout inférieurement. 325

324 { Epillets écartés de l'axe; racine fibreuse.
. . . . *P. dura*. Scop.
Epillets serrés contre l'axe; racine ram-
pante. . . . . . *P. fluitans*. Scop.

325 { Pédicelles inférieurs plus longs que les supérieurs. . . . . . *P. annua*. Lin.
Pédicelles inférieurs à peu près égaux aux
supérieurs. . . . *P. compressa*. Lin.

326 { Rameaux solitaires ou géminés. 327
Rameaux, surtout les inférieurs, au nombre
de plus de 2 insérés au même point. . . 334

327 { Epillets de 15-20 fleurs très-rapprochées.
. . . . *P. megastachia*. Gaud.
Epillets composés de moins de 15 fleurs. . 328

328 { Fleurs glabres . . . . . .*P. annua.* Lin.
    { Fleurs pubescentes.   329

329 { Chaume cylindrique   330
    { Chaume comprimé. . *P. compressa.* Lin.

330 { Point de bourgeons foliacés à la place des
    {   fleurs   331
    { Fleurs la plupart remplacées par des bour-
    {   geons foliacés. *P. bulbosa var. viviapra.*

331 { Feuilles planes   332
    { Feuilles pliées ou roulées. . . . . . .
    {   . . . . . *P. pratensis var. angustifolia.*

332 { Chaume bulbeux à la base. *P. bulbosa.* Lin.
    { Chaume non bulbeux à la base.   333

333 { Gaîne supérieure plus courte que la feuille.
    {   . . . . *P. nemoralis.* L.
    { Gaîne supérieure plus longue que la feuille.
    {   . . . . *P. pratensis.* L.

334 { 5 fleurs ou moins dans chaque épillet. . .   335
    { Plus de 5 fleurs dans chaque épillet . . .   340

335 { Glumelles entièrement glabres   336
    { Glumelles ciliées, velues ou pubescentes .   337

336 { Epillets biflores; glumelles à valves inégales.
    {   . . . . *P. airoides.* Kœl.
    { 3-5 fleurs dans chaque épillet; glumelles à
    {   valves égales. . . . *P. sudetica.* Wild.

337 { Axe de l'épi glabre.   338
    { Axe de l'épi pubescent. *P. nemoralis.* Lin.

338 { Fleurs entourées à la base par de longs poils
    {   soyeux   339
    { Fleurs un peu pubescentes à la base . . .
    {   . . . . *P. trivialis.* Lin.

339 { Racine fibreuse . . . *P. fertilis.* Host.
    { Racine rampante. . . *P. pratensis.* Lin.

340 { Chaume comprimé. . *P. compressa.* Lin.
    { Chaume à peu près cylindrique   341

41 { Gaînes poilues à leur orifice. *P. pilosa.* Lin.
Gaînes glabres et tachées de brun . . . .
. . . . *P. aquatica.* Lin.

42 | CYNOSURUS. Lin. *Graminées.*
Bractées découpées en forme de dents de pei-
gne. . . . . . . *C. cristatus.* Lin.

Trigynie. — 3 styles.

43 | POLYCARPON. Lin. *Paronychiées.*
Tige rameuse étalée; feuilles quaternées.
. . . . *P. tetraphyllum.* Lin.

44 | HOLOSTEUM. Lin. *Alsinées.*
Feuilles sessiles, fleurs en ombelle . . .
. . . . *H. umbellatum.* Lin.

CLASSE IV.

TETRANDRIE.

4 Étamines libres dans une fleur hermaphrodite.

Analyse des genres.

345 { Feuilles alternes, ou radicales ou nulles. . 346
Feuilles opposées ou verticillées 367

346 { Tige herbacée 347
Tige ligneuse. 364

347 { Des feuilles à la racine ou sur la tige. . . 348
Feuilles nulles; plante parasite. .*Cuscuta.*

348 { Feuilles simples, entières, dentées ou lobées.
mais dont les divisions ne dépassent pas le
milieu 349
Feuilles ailées ou pinnatifides ou dont les divisions dépassent le milieu. 362

349 { Fleurs réunies en tête serrée dans un calice
        commun et entremêlées de paillettes.
        . . . . GLOBULARIA.   399
      Fleurs solitaires ou agglomérées, mais non
        réunies dans un calice commun. . . .   350

350 { Un seul style ou un seul stygmate. . . .   351
      Plusieurs styles ou plusieurs stygmates . .   359

351 { Une seule enveloppe florale [1]   352
      Un calice et une corolle distincts   355

352 { Périgone à 4 divisions.   353
      Périgone à 8 divisions dont 4 alternes plus
        petites . . . . ALCHEMILLA.   436

353 { Tige chargée de deux feuilles seulement.
        . . . . MAYANTHEMUM.   435
      Tige chargée de plus de deux feuilles. . .   354

354 { Feuilles linéaires, sessiles; fleurs herma-
        phrodites . . . . *Thesium*.
      Feuilles ovales-lancéolées; fleurs polygames.
        . . . . PARIETARIA.   440

355 { Tige feuillée   356
      Hampe nue; feuilles radicales.   PLANTAGO.   401

356 { Feuilles linéaires; fleurs en épis axillaires.
        . . . . .PLANTAGO.   401
      Feuilles point linéaires; fleurs sessiles ou pé-
        donculées, mais non disposées en épis. .   357

357 { Fleurs sessiles aux aisselles des feuilles . .   358
      Fleurs pédonculées. . . . . *Solanum*.

358 { Feuilles ovales; capsule uniloculaire s'ou-
        vrant circulairement. . .CENTUNCULUS.   405
      Feuilles lobées ou incisées. .ALCHEMILLA.   436

359 { Un seul ovaire . . . . . . RADIOLA.   447
      Plusieurs ovaires   360

[1] Dans le genre Alchemilla, le périgone est à 8 divisions, dont 4 alternes
plus petites simulant un calice; mais avec un peu d'attention il est facile de
s'assurer que l'enveloppe florale est simple.

372 { Corolle monopétale. . . . . 37!
{ Corolle polypétale . . . . 37!

373 { Fleurs en épis ovoïdes entourés de bractées
semblables à un involucre. . . . . .
. . . . . *Plantago arenaria.* W. et Kit.
Fleurs solitaires, axillaires, non resserrées
en épis . . . . 37!

374 { Capsule à 2 loges; corolle jaune, fermée.
. . . . *Exacum.*
Capsule à une loge; corolle ordinairement
ouverte . . . . *Gentiana.*

375 { Folioles du calice entières 376
{ Folioles du calice trifides . . . RADIOLA. 447

376 { Un seul ovaire . . . . 37!
{ Plusieurs ovaires . . . . . .BULLIARDA. 46!

377 { 3 styles. . . . . *Holosteum.* 344
{ 4 styles. . . . . SAGINA. 442

378 { Fleurs solitair., axillaires; 1 style. ISNARDIA. 435
{ Fleurs en épis; 4 stygmates sessiles . . .
. . . . POTAMOGETON. 448

379 { Fleurs entremêlées de paillettes épineuses;
involucelle sillonné. . . . DIPSACUS. 387
Paillettes non épineuses; involucelle sillonné . . . . .SCABIOSA. 394
Paillettes nulles remplacées par des soies;
involucelle non sillonné . . KNAUTIA. 392

380 { Corolle monopétale; 1 style. . . . . . 38!
{ Corolle polypétale; 3 styles. . *Holosteum.* 344

381 { Fleurs réunies en tête dans un involucre
commun . . . . 37!!
Fleurs non réunies en tête dans un involucre commun 382

382 { Corolle infundibuliforme (en entonnoir). . 383
Corolle en roue, à tube très-court et à limbe
étalé 384

Analyse des espèces.

Monogynie. — 1 style.

6

392 | **Knautia**. Coult. *Dipsacées* 39

393 {Feuilles caulinaires pinnatifides . . . .
. . . . *K. arvensis*. Coult.
Feuilles caulinaires entières ou dentées.
. . . . *K. sylvatica*. Coult.

394 | **Scabiosa**. Lin. *Dipsacées* 39

395 {Corolles à 4 lobes . . . . *S. Succisa*. L.
Corolles à 5 lobes 39

396 {Fleurs jaunes ou jaunâtres. *S. ochroleuca*. L.
Fleurs jamais jaunes 39

397 {Feuilles radicales entières . . . . . .
. . . . *S. suaveolens*. Desfont.
Feuilles radicales dentées, incisées ou pin-
natifides 39

398 {Feuilles presque glabres, luisantes . . .
. . . . *S. lucida*. Vill.
Feuilles velues non luisantes . . . . .
. . . . *S. Columbaria*. Lin.

399 | **Globularia**. Lin. *Globulariées*. 40

400 {Tige herbacée, feuilles caulinaires-lancéo-
lées . . . . *G. vulgaris*. Lin.
Tige sous-ligneuse; feuilles caulin. squammiformes. . . . . *G. cordifolia*. Lin.

401 | **Plantago**. Lin. *Plantaginées* 40

402 {Hampe nue; feuilles toutes radicales. . . 40
Tige rameuse, feuillée. *P. arenaria*. W. et K.

403 {Feuilles largement ovales, à 5-9 nervures . 40
Feuilles lancéolées, à 3-6 nervures. . . .
. . . . *P. lanceolata*. Lin.

404 {Hampes dépassant à peine les feuilles . . .
. . . . *P. major*. Lin.
Hampes plus longues que les feuilles . .
. . . . *P. media*. Lin.

405 | CENTUNCULUS. Lin. *Primulacées.*
Feuilles ovales, entières; fleurs blanches ou
 rosées. . . . . . . *C. minimus.* Lin.

406 | SHERARDIA. Lin. *Rubiacées.*
Tiges couchées, très-rameuses; fruit hérissé. . . . . . . *S. arvensis.* Lin.

407 | GALIUM. L. *Rubiacées.* 408
408 { Fleurs jaunes 409
 { Fleurs jamais jaunes 410

409 { Tige velue ou hérissée; verticilles de quatre
  feuilles. . . . . *G. Cruciata.* Scop.
 { Tige à peu près glabre; verticilles de 8-12
  feuilles. . . . . . . *G. verum.*

410 { Rarement plus de 4 feuilles à chaque verticille 411
 { Toujours plus de 4 feuilles à chaque verticille. 413

411 { Tige lisse; feuilles à 3 nervures 412
 { Tige rude de bas en haut; feuilles à 1 nervure . . . . *G. palustre.* L.

412 { Feuilles ovales mucronées; tiges couchées.
  . . . . *G. rotundifolium.* L.
 { Feuilles lancéolées, non mucronées; tiges
  dressées. . . . . . . *G. boreale.* L.

413 { Tige rude, accrochante 414
 { Tige ni rude, ni accrochante 420

414 { Feuilles rudes de la base au sommet . . . 417
 { Feuilles rudes du sommet à la base . . . 415

415 { Fruit tuberculeux ou verruqueux mais non
  poilu. 416
 { Fruit soyeux-hispide. . *G. Parisiense.* L.

416 { Pédoncules latéraux trifides . . . .
  . . . . *G. Saccharatum.* All.
 { Pédoncules solitaires ou géminés, non ra-
  meux. . . . . *G. anglicum.* Huds.

417 { Fruit lisse ; tige glabre au-dessus des nœuds.
. . . . *G. spurium.* L.
Fruit velu , hispide , tuberculeux ou verru-
queux 418

418 { Pédicelles recourbés après la fleuraison ;
feuilles à une seule nervure . . . . . .
. . . .*G. tricorne* With.
Pédicelles redressés même après la fleuraison. 419

419 { Fruit hérissé de soies crochues . . . . .
. . . . *G. Aparine.* L.
Fruit tuberculeux mais non hérissé . . .
. . . . *G. uliginosum.* L.

420 { Tige à peu près cylindrique. . . . . . .
. . . . *G. sylvaticum.* L.
Tige quadrangulaire 421

421 { Tige renflée au-dessus des articulations . .
. . . . *G. Mollugo.* L.
Tige non renflée au-dessus des articulations. 422

422 { Tige dressée ou ascendante 423
Tige couchée inférieurement. *G. saxatile.* L.

423 { Feuilles luisantes , munies en dessous d'une
nervure saillante ; lobes de la corolle acuminés. . . . . *G. lucidum.* All.
Feuilles non luisantes, sans nervure bien
saillante ; lobes de la corolle non acuminés 424

424 { Plante glabre; feuilles non bordées d'ai-
guillons. . . . *G. sylvestre.* Pollich.
Plante velue; feuilles bordées d'aiguillons.
. . . .*G. Bocconi.* All.

425 | RUBIA. Lin. *Rubiacées.*
Feuilles coriaces , luisantes , accrochantes.
. . . . *R. Tinctorum.* L.

426 | ʼAsperula. Lin. *Rubiacées* 427

427 { Fleurs blanches 428
{ Fleurs bleues, roses ou rouges 430

428 { Feuilles linéaires 429
{ Feuilles ovales-lancéolées. *A. odorata*. L.

429 { Feuilles roulées en dessous; tige angu-
{ leuse. . . . . . . *A. gallioides*. Bieb.
{ Feuilles non roulées; tige cylindrique . .
{ . . . . *A. tinctoria*. L.

430 { Fleurs roses; corolle rugueuse à l'extérieur.
{ . . . . *A. cynanchica*. L.
{ Fleurs bleues; corolle lisse. *A. arvensis*. L.

431 | Epimedium. L. *Berbéridées*.
Tige écailleuse à la base; feuilles 2-3 fois
ternées. . . . . . . *E. alpinum*. L.

432 | Cornus. L. *Cornées* 433

433 { Fleurs jaunes, paraissant avant les feuilles,
{ disposées en ombelle simple dans un in-
{ volucre à 4 folioles. . . . *C. mas*. L.
{ Fleurs blanches, paraissant après les feuilles,
{ en cime terminale et dépourvues d'involu-
{ cre. . . . . *C. sanguinea*. L.

434 | Trapa. L. *Onagraires*.
Feuilles submergées pinnatifides; pétioles
ventrus. . . . . *T. natans* L.

435 | Mayanthemum. Wiggers. *Asparagées*.
2 feuilles pétiolées, en cœur; fleurs blanches.
. . . . *M. bifolium*. Dec.

436 | Alchemilla. L. *Sanguisorbées*. 437

437 { Fleurs disposées en corymbes terminaux. . 438
{ Fleurs agglomérées aux aisselles des feuilles.
{ . . . . *A. arvensis*. Scop.

438 { Feuilles réniformes ou orbiculaires, à 5-9 lobes peu profonds, dentés. *A. vulgaris.* L.
Feuilles presque digitées, divisées en 5-7 segments oval. dentés au sommet. *A. alpina.* L.

439 | SANGUISORBA. L. *Sanguisorbées.*
Feuilles à 7-13 folioles oblongues, dentées.
. . . . *S. officinalis.* L.

440 | PARIETARIA. L. *Urticées* 441

441 { Bractées libres, non décurrentes; tige simple,
dressée. . . . *P. erecta.* Mert. et K.
Bractées soudées à leur base, décurrentes
sur le rameau; tige rameuse, diffuse. .
. . . . *P. diffusa.* M. et K.

442 | ISNARDIA. L. *Onagraires.*
Feuilles ovales, sessiles; fleurs verdâtres .
. . . . *I. palustris.* L.

Tétragynie. — 4 styles.

443 | SAGINA. L. *A'sinées* 444

444 { Pédoncules dressés ou à peine penchés au
sommet. 445
Pédoncules courbés en crochet après la fleuraison. . . . . *S. procumbens.* L.

445 { Feuilles sétacées, ciliées; capsule à 4 valves.
. . . . *S. apetala.* L.
Feuilles linéaires-lancéolées, non ciliées;
capsule s'ouvrant en 8 dents. *S. erecta.* L.

446 | ILEX. L. *Aquifoliacées.*
Feuilles ovales, luisantes, coriaces. . . .
. . . . *I. aquifolium.* L.

447 | RADIOLA. Gmelin. *Linées.*
Feuilles ovales, sessiles, entières; fleurs
blanches. . . . . . . *R. linoides.* Gm.

458 { Tige comprimée, mais non ailée. 459
{ Tige ailée-comprimée 460

459 { Epi interrompu, plus court que le pédoncule.
{ . . . . *P. pusillus.* L.
{ Epi non interrompu, aussi long que le pédon-
{   cule . . . . *P. obtusifolius.* M. et K.

460 { Epi cylindrique, allongé ; feuilles arrondies
{   et brusquement mucronées au sommet.
{ . . . . *P. compressus.* L.
{ Epi globuleux ; feuilles insensiblement acu-
{   minées-mucronées. *P. acutifolius.* Linck.

461 | BULLIARDA. Dec. *Crassulacées.*
   Tige dichotome ; feuilles linéaires oblongues.
   . . . . *B. Vaillantii.* Dec.

462 | RUPPIA. Lin. *Potamées.*
   Tige rameuse ; feuilles engaînantes . . . .
   . . . . *R. maritima.* L.

CLASSE V.

PENTANDRIE.

5 étamines libres dans une fleur hermaphrodite.

Analyse des genres.

463 { Tige ligneuse. 464
{ Tige herbacée 473

464 { Feuilles simples, entières, dentées ou lobées. 465
{ Feuilles ailées 477

465 { Feuilles alternes 466
{ Feuilles opposées 474

6.

476 { Corolle monopétale; 1 style; baie monosperme. . . . . VIBURNUM.   843
Corolle polypétale; 3 stygmates sessiles; capsule polysperme . . . . . EVONYMUS.   714

477 { Corolle polypétale . . . STAPHYLLEA.   841
Corolle monopétale. . . . . SAMBUCUS.   845

478 { Fleur régulière   479
Fleur irrégulière.   535

479 { Plante parasite, entièrement dépourvue de
feuilles . . . . CUSCUTA.   762
Plante munie de feuilles   480

480 { Feuilles alternes, éparses ou radicales . .   481
Feuilles opposées ou verticillées . . .   518

481 { Une seule enveloppe florale.   482
Un calice et une corolle distincts . . .   487

482 { Un seul style et un seul stygmate. THESIUM.   729
Plusieurs styles distincts   483

483 { Enveloppe florale à 2-3 divisions. .*Blitum.*
Enveloppe florale à plus de 3 divisions . .   484

484 { Feuilles engaînantes . . . .*Polygonum.*
Feuilles non engaînantes.   485

485 { Fleurs toutes hermaphrodites   486
Fleurs unisexuelles ou polygames. *Atriplex.*

486 { Racine charnue; graine réniforme recouverte par le calice accru. . . . BETA.   736
Racine non charnue; graine orbiculaire non
recouverte par le calice. .CHENOPODIUM.   737

487 { Un style   488
Deux styles   541
Trois styles ou 3 stygmates . CORRIGIOLA.   842
Quatre styles ou 4 stygmates. .PARNASSIA.   848
Cinq styles . . . .   602 *bis*
Plus de cinq styles , ... MYOSURUS.   861

514 { Calice divisé jusqu'à la base; graines fixées
latéralement à la base du style   605
. . . . CYNOGLOSSUM.
Calice dont les divisions ne dépassent pas le
milieu; graines attachées au fond du calice . . . . ANCHUSA.   608

515 { Deux akènes libres, biloculaires; fleurs
jaunes . . . . CÉRINTHE.   612
Quatre akènes libres ou soudés; fleurs jamais
jaunes   516

516 { Calice divisé presque jusqu'à la base . . .   517
Calice dont les divisions ne dépassent pas le
milieu . . . . PULMONARIA.   614

517 { Une dent saillante entre chacun des lobes de
la corolle; fleurs en épis. HELIOTROPIUM.   603
Aucune dent entre les lobes de la corolle;
fleurs axillaires . . . . LITHOSPERMUM.   616

————

518 { Feuilles simples, entières, dentées ou lobées.   519
Feuill. ailées, à folioles lancéolées. SAMBUCUS.   845
Feuilles multifides, à lanières capillaires;
plante aquatique . . . . . HOTTONIA.   640

519 { Corolle monopétale   520
Corolle polypétale ou nulle   530

520 { Calice à 2-3 divisions . . . . . Montia.
Calice à 5 lobes   521

521 { Feuill. verticillées au nombre de 4-8 à chaque
nœud   522
Rarement plus de 3 feuilles à chaque nœud.   523

522 { Corolle infundibuliforme; fruit sec . . .
. . . . Asperula.
Corolle rotacée; fruit formé de 2 baies sou-
dées . . . . Rubia.

565 { Calice à 5 dents 56
    { Bords du calice entiers, peu distincts. . . 56

566 { Feuilles 2-3 fois ailées. 56
    { Feuilles simplement ailées ou pinnatifides . 56

567 { Une ou deux folioles à l'involucre. . . . 56
    { Involucre composé de plus de 2 folioles . . 56

568 { Ombelles contractées à la maturité ; rayons
         pubescents ; carpelles à 5 côtes épaisses,
         saillantes ; point de côtes secondaires. .
         . . . . SESELI. 88
        Ombelles étalées, même à la maturité ; rayons
         glabres ; carpelles à 5 côtes principales fili-
         formes et à 4 côtes secondaires. . SILER. 818

569 { Carpelles bordées d'une aile membraneuse. 56
    { Carpelles non prolongées en ailes 56

570 { Fruits presque planes ; carpelles à 3 côtes
         filiformes rapprochées ; point de côtes se-
         condaires . . . . . . PEUCEDANUM. 818
        Fruits ovales, un peu comprimés, à 5 côtes
         principales filiformes, et à 4 côtes secon-
         daires ailées . . . . . LASERPITIUM. 818

571 { Dents du calice courtes ; épaisses, persis-
         tantes ; feuill. à segments linéaires. SESELI. 818
        Dents du calice subulées, allongées, ca-
         duques ; segments des feuilles pinnatifides.
         . . . . LIBANOTIS. 808

571 { Segments des feuilles séparés presque jusqu'à
bis.   la côte moyenne ; 3 bandelettes entre les
         côtes des fruits 576
        Segments des feuilles réunis par un prolon-
         gement du parenchyme ; une seule ban-
         delette étroite entre les côtes des fruits .
         . . . . FALCARIA. 787

CLASSE V, PENTANDRIE. 105

Ombelles toutes terminales ; tige profondément sillonnée; fol. de l'involucre à une
   nervure. . . . . SIUM. 786
Ombelles latérales opposées aux feuilles ; tige
   striée ; folioles de l'involucre à trois nervures. . . . . BERULA. 785

Feuilles inférieures une fois ailées ; folioles
   de l'involucre trifides . . . . AMMI. 777
Feuilles 2-3 fois ailées. 573

Fruits bordés d'une aile membraneuse ; tige
   anguleuse, presque ailée. . SELINUM. 794
Bords du fruit non prolongés en aile ; tige
   striée 574

Fruits linéaires . . . . CHÆROPHYLLUM. 834
Fruits ovales ou oblongs 575

Segments des feuilles ovales, incisés-dentés ;
   tige fistuleuse, maculée; intervalles des
   fruits sans bandelettes . . . CONIUM. 839
Segments des feuilles découpés en lanières linéaires; tige pleine, non maculée; une
   bandelette dans chaque intervalle. CARUM. 779

Pétales entiers 577
Pétales échancrés 578

Fruits linéaires, prolongés en bec ; pétales
   obovés, inégaux, élargis et tronqués au
   sommet. . . . . . . ANTHRISCUS. 830
Fruits ovales ou oblongs, non prolongés en
   bec ; pétales lancéolés ou elliptiques . . 556

Pétales égaux 579
Pétales extérieurs de l'ombelle plus grands,
   rayonnants, bifides 588

Calice à 5 dents 580
Calice à bord entier 581

580 { Tige pleine 6
{ Tige fistuleuse ; dents du calice grandes, couronnant le fruit . . . . Cicuta. 7

581 { Plante glabre. 6
{ Plante pubescente 6

582 { Fruits linéaires, prolongés en bec.. . . . .
{ . . . . Anthriscus. 6
{ Fruits ovales, non prolongés en bec 6

583 { Tige pleine ; carpelles à 5 côtes ailées . .
{ . . . . Selinum. 7
{ Tige fistuleuse ; carpelles à 5 côtes, les extérieures seules ailées 6

584 { Tige sillonnée ; feuilles 2-3 fois ailées ; fruits ovales globuleux, marqués de 5 côtes épaisses . . . . Æthusa. 7
{ Tige finement striée ; feuilles ternées ; fruits arrondis presque planes, échancrés aux deux bouts et ailés. . . Imperatoria. 8

585 { Fruits linéaires ; carpelles sans côtes ou à 5 côtes obtuses 53
{ Fruits oblongs, luisants ; carpelles à 5 côtes en carène aiguë . . . . . Myrrhis. 83

586 { Fruits terminés par un bec 78
{ Fruits non terminés par un bec. . . . . .
{ . . . . Chærophyllum. 83

587 { Fruits sans côtes ; bec plus court que les carpelles ; ombelles ordinairement à plus de 3 rayons . . . . . . Anthriscus. 83
{ Fruits à 5 côtes ; bec plus long que les carpelles ; ombelles de 1-3 rayons. Scandix. 83

588 { Fruits lisses, non hérissés 53
{ Fruits hérissés d'épines ou d'aiguillons . . 53

Analyse des espèces.

Monogynie. — 1 style.

⁂ | **Asperugo.** Tournef. *Boraginées.*
Tige couchée ; fleurs violettes . . . . .
. . . . *A. procumbens.* L.

5 | **Cynoglossum.** Lin. *Boraginées* 606
{ Feuilles molles et cotonneuses des 2 côtés.
. . . . *C. officinale.* L.
Feuilles rudes en dessus, presque glabres
en dessous. . . . *C. montanum.* Lam.

7 | **Borago.** Tournef. *Boraginées.*
Lobes de la corolle aigus ; tige hérissée . .
. . . . *B. officinalis.* L.

8 | **Anchusa.** Lin. *Boraginées* 609
{ Tube de la corolle plus court que le calice.
. . . . *A. italica.* Retz.
Tube de la corolle égalant le calice. . . .
. . . . *A. officinalis.* L.

9 | **Lycopsis.** Lin. *Boraginées.*
Plante hérissée ; fleurs bleues. *L. arvensis.* L.

10 | **Symphitum.** Lin. *Boraginées.*
Plante rude ; feuilles décurrentes . . . .
. . . . *S. officinale.* L.

11 | **Cerinthe.** Tournef. *Boraginées.*
Fleurs jaunes. . . . . . *C. minor.* L.

12 | **Echium.** Lin. *Boraginées.*
Fleurs en épis géminés et recourbés . . .
. . . . *E. vulgare.* L.

13 | **Pulmonaria.** Tournef. *Boraginées* . . . 615
{ Feuilles radicales échancrées en cœur à la
base. . . . . . . *P. officinalis.* L.
Feuilles radicales lancéolées, non échancrées. . . . . . *P. angustifolia.* L.

7

616 | **LITHOSPERMUM.** Tournef. *Boraginées* . . . 611

617 { Fleurs blanches 611
Fleurs rouges ou violettes. . . . .
. . . . . . *L. purpureo-cœruleum.* L.

618 { Graines lisses, luisantes. ***L. officinalis.*** L.
Graines rugueuses . . . ***L. arvense.*** L.

619 | **MYOSOTIS.** Lin. *Boraginées* 62

620 { Poils du calice appliqués 62
Poils du calice étalés, à la fin recourbés en
crochet 62

621 { Tige cylindrique ; racine fibreuse. . . . .
. . . . ***M. cœspitosa.*** Schulz.
Tige anguleuse ; racine rampante. . . .
. . . . ***M. palustris.*** With.

622 { Pédicelle plus long que le calice 62
Pédicelle plus court que le calice 62

623 { Limbe de la corolle plane ; divisions du calice
dressées à la maturité. ***M. sylvatica.*** Hoffm.
Limbe de la corolle concave ; calice fermé à
la maturité.. . . . ***M. intermedia.*** Linck.

624 { Calice fermé à la maturité 62
Calice non fermé à la maturité 62

625 { Grappe de fleurs feuillée à la base. . . . .
. . . . ***M. stricta.*** Linck.
Grappe de fleurs nue à la base . . . . .
. . . . ***M. versicolor.*** Pers.

626 { Pédoncules fructifères horizontalement étalées ; tube de la corolle inclus . . . .
. . . . ***M. hispida.*** Schl.
Pédoncules fructifères demi-dressés ; corolle
à lobes planes, à tube plus long que le
calice. . . . . ***M. sylvatica.*** Hoffm.

7 | ECHINOSPERMUM. Swartz. *Boraginées.*
Plante hérissée. . . *E. Lappula.* Lehm.

8 | ANDROSACE. Tournef. *Primulacées* . . . 629

9 { Calice plus grand que la corolle; feuilles dentées. . . . . *A. maxima.* L.
Calice plus court que la cor.; feuill. entières. 630

10 { Hampes, pédoncules et calice glabres. . .
. . . . *A. lactea.* L.
Hampes, pédoncules et calice pubescents.
. . . . *A. carnea.* L.

11 | PRIMULA. Lin. *Primulacées* 632

12 { Pédoncules uniflores. . *P. acaulis.* Jacq.
Pédoncules multiflores 633

13 { Fleurs jaunes 634
Fleurs roses à gorge jaune. *P. farinosa.* L.

14 { Cal. enflé; cor. plissée. *P. officinalis.* Jacq.
Cal. non enflé; cor. non plissée . . . .
. . . . *P. elatior.* Jacq.

15 | LYSIMACHIA. Lin. *Primulacées.* 636

16 { Fleurs en panicule terminale. *L. vulgaris.* L.
Fleurs axillaires, solitaires 637

17 { Feuilles orbiculaires, obtuses . . . . .
. . . . *L. nummularia.* L.
Feuilles ovales, aiguës. . *L. nemorum.* L.

18 | ANAGALLIS. Tournef. *Primulacées* . . . 639

19 { Feuilles sessiles, ponctuées en dessous . .
. . . . *A. arvensis.* L.
Feuilles pétiolées, non ponctuées . . . .
. . . . *A. tenella.* L.

20 | HOTTONIA. Lin. *Primulacées.*
Fleurs roses ou blanches; feuilles pectinées.
. . . . *H. palustris.* L.

641 | **MENYANTHES**. Tournef. *Gentianées.*   §
Feuilles radicales, ternées. *M. trifoliata.* L.

642 | **VILLARSIA**. Gmelin. *Gentianées.*
Feuilles orbiculaires, en cœur . . . .
. . . . *V. nymphoïdes.* Vent.

643 | **ERYTHRÆA**. Richard. *Gentianées*   64

644 {
Feuilles en rosette ; lobes de la corolle obtus.
. . . . *E. Centaurium.* Pers.
Feuilles non étalées en rosette ; lobes de la
corolle aigus. . . *E. pulchella.* Fries.

645 | **CONVOLVULUS**. Lin. *Convolvulacées* . . .   64

646 {
Bractées grandes, rapprochées du calice. .
. . . . *C. sepium.* L.
Bractées petites, éloignées du calice . . .
. . . . *C. arvensis.* L.

647 | **DATURA**. Lin. *Solanées.*
Feuilles grandes, ovales, sinuées-dentées.
. . . . *D. stramonium.* L.

648 | **NICOTIANA**. Tournef. *Solanées*   64

649 {
Feuilles sessiles ; fleurs roses. *N. Tabacum.* L.
Feuilles pétiolées ; fleurs d'un jaune verdâtre.
. . . . *N. rustica.* L.

650 | **HYOSCIAMUS**. Tournef. *Solanées.*
Feuilles sinuées-pinnatifides.   *H. niger.* L.

651 | **VERBASCUM**. Tournef. *Verbascées* 65

652 {
Feuilles décurrentes 65
Feuilles non décurrentes. 65

653 {
Tige ailée d'une feuille à l'autre sans inter-
ruption 65
Feuilles semi-décurrentes 65

654 {
Epi resserré ; corolle en entonnoir . . . .
. . . . *V. Schraderi,* Mey.
Epi très-allongé ; cor. en roue. *V. Thapsus.* L.

55 { Filets des étam. couverts d'un duvet blanc. 656
   { Duvet des étamines de couleur violette . . 658

56 { Pédicelles plus longs que les cal.; tous les filets
   {   des étam. laineux. *V. ramigerum*. Schr.
   { Pédicelles plus courts que les cal.; 2 des filets
   {   glabres, au moins à leur sommet . . . 657

57 { Filets glabres 4 fois plus courts que leur an-
   {   thère; feuill. infér. subitement rétrécies en
   {   pétiole. . . . . *V. montanum*. Schr.
   { Filets glabres plus longs que leur anthère;
   {   feuill. inférieures non rétrécies en pétiole.
   {   . . . . *V. phlomoides*. L.

58 { Duvet des feuilles jaunâtre ; toutes les an-
   {   thères égales, point décurrentes. . . .
   {   . . . . *V. collinum*. Schr.
   { Duvet des feuilles blanchâtre ; 2 des anthères
   {   décurrentes . . *V. adulterinum*. Koch.

59 { Fleurs fasciculées; feuilles tomenteuses . . 660
   { Fleurs solitaires ou géminées; feuill. glabres,
   {   . . . . *V. Blattaria*. L.

60 { Filets recouverts d'un duvet blanc. . . . 662
   { Filets recouverts d'un duvet de couleur
   {   pourpre. 661

61 { Feuilles tomenteuses sur les 2 faces, les supé-
   {   rieures semi-amplexicaules . . . . . •
   {   . . . . . . *V. Schottianum*. Schrad.
   { Feuill. presque glabres en dessus, les supér.
   {   non amplexicaules. . . *V. nigrum*. L.

62 { Fleurs blanches. *V. Lychnitis*. L. var. *b*.
   { Fleurs jaunes 663

63 { Feuill. presque glabres en dessus ; tige cylin-
   {   drique ou à angles obtus. *V. Lychnitis*. L.
   { Feuilles cotonneuses des 2 côtés; tige angu-
   {   leuse. 664

7.

664 — Feuilles couvertes d'un duvet fin en dessus, épais en dessous, les supér. non embrassantes. . . *V. pulverulentum*. Willd.
Feuilles toutes couvertes d'un duvet épais, floconneux, les supér. semi-amplexicaules.
. . . . *V. floccosum*. Kit.

665 | ATROPA. Lin. *Solanées*.
Feuilles ovales, entières. *A. Belladona*. L.

666 | PHYSALIS. L. *Solanées*.
Fleurs blanches; baies rouges . . . . .
. . . . *P. Alkekengi*. L.

667 | SOLANUM. Lin. *Solanées* 668

668 — Plante sarmenteuse, un peu ligneuse à la base. . . . . . . *S. Dulcamara*. L.
Plante herbacée, point sarmenteuse . . . 669

669 — Feuilles entières ou dentées. *S. nigrum*. L. [1]
Feuilles pinnatifides. . *S. tuberosum*. L.

669 bis. | LYCIUM. Lin. *Solanées* 669
ter.

669 ter. — Calice à 5 dents égales. *L. Europœum*. L.
Calice à 2 lèvres entières ou bidentées . .
. . . . *L. Barbarum*. L.

670 | VINCA. L *Apocynées*.
Tige couchée; fleurs bleues ou blanches. . .
. . . . *V. minor*. L.

671 | SAMOLUS. Lin. *Primulacées*.
Fleurs blanches, en grappes allongées . .
. . . . *S. Valerandi*. L.

[1] Cette plante présente les variations suivantes :

a. Tige et feuilles velues; baies jaunâtres. *S. villosum*.
b. Tige anguleuse, poilue; baies rouges. *S. miniatum*.
c. Tige couchée, glabre; baies jaunâtres. *S. humile*.
d. Tige anguleuse; baies d'un jaune verdâtre. *S. ochroleucum*.

2 | JASIONE. L. *Campanulacées*. 673
8 { Feuilles crépues sur les bords ; tiges fasciculées . . . . *J. montana*. L.
Feuilles planes sur les bords ; tige simple unique. . . . . . . *J. perennis*. L.

4 | PHYTEUMA. Lin. *Campanulacées* 675
5 { Fleurs en épis allongés ; bractées linéaires. . . . . *P. spicatum*. L.
Fleurs en capitules arrondis ; bractées ovales. . . . . . . *P. orbiculare*. L.

6 | PRISMATOCARPUS. L'Hérit. *Campanulacées* . 677
7 { Lanières du calice linéaires, égalant la corolle et l'ovaire. . *P. speculum*. L'Hérit.
Lanières du calice plus longues que la corolle et plus courtes que l'ovaire . . . . *P. hybridum*. L'Hérit.

3 | CAMPANULA. Lin. *Campanulacées*. . . . 679
0 { Fleurs sessiles, agglomérées en capitules serrés 680
Fleurs pédonculées, en grappes lâches . . 681

1 { Feuill. radicales atténuées à la base ; lobes du cal. arrondis au sommet. *C. Cervicaria*. L.
Feuill. radicales arrondies à la base ; lobes du calice accuminés-aigus. *C. glomerata*. L.

1 { Lanièr. du calice linéaires, presque en alène. 682
Lanières du calice ovales ou lancéolées . . 686

2 { Pétiole des feuilles radicales plusieurs fois plus long que le limbe 683
Feuilles radicales rétrécies en un pétiole plus court que le limbe 685

3 { Tige uniflore. . . . *C. Scheuchzeri*. Vill.
Tige pluriflore 684

684 { Tige simple, ne dépassant pas 1 décimètre.   9.   . . . . *C. pusilla.* Hænck.
Tige rameuse, dépassant 1 décimètre. . . .   . *C. rotundifolia.* L.   9

685 { Grappe serrée, étroite; feuilles ondulées sur les bords. . . . . *C. Rapunculus.* L.   0
Grappe étalée, large; feuilles planes. . .   . . *C. patula.* L.   5

686 { Lobes de la cor. glabres. *C. persicifolia.* L.   0
Lobes de la corolle velus ou ciliés. . . .   68

687 { Tige anguleuse; corolle ciliée sur ses angles.   . . . . *C. Trachelium.* L.   0
Tige cylindrique; corolle velue sur le bord des lobes   68

688 { Feuilles inférieures en cœur à la base; racine stolonifère. . . . *C. rapunculoïdes.* L.
Feuilles inférieures atténuées à la base; point de stolons. . . . . . *C. latifolia.* L.   0

689 | LONICERA. Lin. *Caprifoliacées*   68

690 { Tiges dressées; fleurs géminées; calice caduc.   68
Tiges volubiles; fleurs en capitules; calice persistant   68

691 { Pédoncules plus courts que les fleurs. . .   60
Pédoncules plus longs que les fleurs . . .   68

692 { Feuilles glabres; baies bleues, réunies; fleurs d'un blanc jaunâtre. . *L. cœrulea.*
Feuilles pubescentes; baies rouges; distinctes; fl. d'un blanc rosé. *L. Xilosteum.* L.

693 { Fleurs roses; baies noires. . *L. nigra,* L.
Fl. jaunâtres; baies rouges. *L. Alpigena.* L.

694 { Capitules de fleurs sessiles; feuilles supérieures soudées à la base et embrassant la tige. . . . . . *L. Caprifolium.* L.
Capitules de fleurs pédonculés; feuilles toutes distinctes. . . . *L. Peryclimenum.* L.

7 | **Impatiens.** Lin. *Balsaminées.*
Fleurs jaunes.   .   .   .   *I. noli-tangere.* L.

8 | **Viola.** Tournef. *Violariées*   697

$\mathsf{V} \begin{cases} \text{Feuilles et fleurs portées sur une tige déve-} \\ \quad \text{loppée} \; . \; . \; . \; . \; . \; . \; . \; . \; . \; . \quad 698 \\ \text{Feuilles et fl. insérées au collet de la racine.} \quad 709 \end{cases}$

$8 \begin{cases} \text{Stigmate courbé et aigu} \; . \; . \; . \; . \; . \; . \quad 699 \\ \text{Stigmate droit et urcéolé ou en entonnoir.} \quad 707 \end{cases}$

$9 \begin{cases} \text{Stipules entières.} \; . \; . \; . \; . \; . \; . \; . \; . \quad 700 \\ \text{Stipules incisées ou dentées} \; . \; . \; . \; . \; . \quad 701 \end{cases}$

$10 \begin{cases} \text{Fleurs jaunes; tige ordinairement biflore;} \\ \quad \text{feuilles réniformes obtuses. } \textit{V. biflora.} \text{ L.} \\ \text{Fleurs violettes; tige pluriflore; feuilles en} \\ \quad \text{cœur, pointues.} \; . \; . \; . \textit{ V. mirabilis.} \text{ L.} \end{cases}$

$11 \begin{cases} \text{Stipules plus courtes que le pétiole ou l'éga-} \\ \quad \text{lant à peine} \; . \; . \; . \; . \; . \; . \; . \; . \quad 702 \\ \text{Stipules plus longues que le pétiole} \; . \; . \; . \quad 706 \end{cases}$

$12 \begin{cases} \text{Fleurs d'un blanc de lait.} \quad \textit{V. stagnina.} \text{ Kit.} \\ \text{Fleurs violettes} \; . \; . \; . \; . \; . \; . \; . \; . \quad 703 \end{cases}$

$13 \begin{cases} \text{Pétioles ailés au sommet; tige dressée} \; . \; . \\ \quad \text{.} \; . \; . \; . \; . \; . \; . \; . \textit{ V. Ruppii.} \text{ All.} \\ \text{Pétioles non ailés; tige couchée óu ascen-} \\ \quad \text{dante} \; . \; . \; . \; . \; . \; . \; . \; . \; . \quad 704 \end{cases}$

$14 \begin{cases} \text{Tige cylindrique; stipules ovales-oblongues.} \\ \quad \text{.} \; . \; . \; . \; . \; . \; . \textit{ V. arenaria.} \text{ Dec.} \\ \text{Tige triangulaire; stipules lancéolées.} \; . \; . \quad 705 \end{cases}$

$15 \begin{cases} \text{Eperon 3-4 fois plus long que les appendices} \\ \quad \text{du calice; capsule aiguë} \; . \; . \; . \; . \; . \\ \quad \text{.} \; . \; . \; . \; . \; . \textit{ V. sylvestris.} \text{ Lam.} \\ \text{Eperon dépassant peu les appendices du ca-} \\ \quad \text{lice; capsule tronquée, apiculée} \; . \; . \; . \\ \quad \text{.} \; . \; . \; . \; . \; . \; . \textit{ V. canina.} \text{ L.} \end{cases}$

706 { Feuilles glabres , non échancrées à la base.
. . . . . . *V. pratensis.* M. et K.
Feuilles pubescentes, en cœur à la base . . .
. . . . *V. elatior.* Fries.

707 { Tige simple ; stipules incisées-digitées . .
. . . . *V. lutea.* Smith.
Tige rameuse ; stipules pinnatifides . . . 708

708 { Pétales plus longs que le calice. . . . .
. . . . *V. tricolor. var. a.*
Pétales plus courts que le calice . . . .
. . . . *V. tricolor. var. b.*

709 { Feuilles réniformes, glabres. *V. palustris.* L.
Feuilles en cœur, pubescentes 710

710 { Plante produisant des rejets rampants . .
. . . . *V. odorata.* L.
Point de rejets rampants 711

711 { Pétales tous échancrés. . . *V. hirta* L.
Pétale inférieur échancré , les autres entiers
ou faiblement émarginés 712

712 { Fleurs blanches. . . . . *V. alba.* Bess.
Fleurs d'un bleu pâle. . *V. collina.* Bess.

713 | VITIS. Lin. *Ampélidées.*
Fleurs en grappes opposées aux feuilles. .
. . . . *V. vinifera.* L.

714 | EVONYMUS. Lin. *Célastrinées.*
Feuilles lancéolées ; capsule à 4 angles . .
. . . . *E. Europœus.* L.

715 | RHAMNUS. Lin. *Rhamnées* 716

716 { Rameaux épineux. . . *R. catharticus.* L.
Rameaux non épineux 717

717 { Feuilles dentées. 718
Feuilles entières. . . . *R. Frangula.* L.

718 { Nervures des feuilles arquées; tiges couchées.
. . . . R. pumila. L.
Nervures parallèles; tige peu ou point couchée. . . . . R. alpina. L.

719 | RIBES. Lin. Grossulariées 720

720 { Arbrisseau épineux. . R. Grossularia. L.
Arbrisseau non épineux 721

721 { Bractées plus longues que les pédicelles . .
. . . . R. alpinum. L.
Bractées plus courtes que les pédicelles . . 722

722 { Calice glabre 723
Calice velu . . . . . . R. nigrum. L.

723 { Lobes du calice ciliés; grappes presque
droites. . . . . R. petræum. Wulf.
Lobes du calice non ciliés; grappes pendantes. . . . . . R. rubrum. L.

724 | HEDERA. Tournef. Araliacées.
Fleur d'un vert jaunâtre, en ombelles . .
. . . . H. Helix. L.

725 | HERNIARIA. Lin. Paronychiées. 726

726 { Feuilles et calices glabres. . H. glabra. L.
Feuilles et calices hérissés 727

727 { Dix fleurs à chaque glomérule; un des lobes
du calice chargé d'une soie plus longue
que les autres. . . . . H. hirsuta. L.
Rarement plus de 3 fleurs à chaque glomérule; poils du calice égaux entre eux . .
. . . . H. incana. Lam.

728 | ILLECEBRUM. Lin. Paronychiées.
Fl. blanches, fasciculées. I. verticillatum.

729 | THESIUM. Lin. Santalacées 730

730 { Fruit 2-3 fois plus long que le limbe du périgone 732
Fruit ne dépassant pas le limbe du périgone. 731

731 { Périgone divisé au delà du milieu ; axe fléchi en zigzag au sommet lors de la maturité. . . . . . . *T. pratense.* Ehrh.
Périgone non divisé jusqu'au milieu ; axe de
la grappe droit. . . *T. alpinum.* Lin.

732 { Tiges couchées en cercle sur la terre . . . .
. . . . *T. humifusum.* Dec.
Tiges dressées 733

733 { Racine fibreuse. . *T. montanum.* Ehrh.
Racine rampante . *T. intermedium.* Schr.

Digynie. — 2 styles.

734 | ULMUS. Tournef. *Urticées.* 735

735 { Fl. pédicellées ; 8 étamines. *U. effusa.* Wild.
Fl. sessiles ; 4-6 étamines. *U. campestris.* L.

736 | BETA. Tournef. *Chénopodées.*
Fl. verdâtres ; épis paniculés. *B. vulgaris.* L.

737 | CHÉNOPODIUM. Lin. *Chénopodées* 738

738 { Divisions du périgone munies d'une carène
sur le dos 739
Divisions du périgone dépourvues de carène. 741

739 { Feuilles arrondies-rhomboïdales, aussi larges
que longues. . . *C. opulifolium.* Schr.
Feuilles plus longues que larges 740

740 { Feuilles oblongues, cunéiformes à la base ;
graines lisses et luisantes. *C. glaucum.* L.
Feuilles ovales-rhomboïdales, cunéiformes à
la base ; graines lisses et luisantes . . .
. . . . *C. album.* L.
Feuilles subhastées, à 3 lobes inégaux ;
graines tuberculeuses. *C. ficifolium.* Smitb.

741 { Feuilles inférieures ovales ou oblongues. . 742
Feuilles deltoïdes, rhomboïdales ou triangulaires 744

742 { Feuilles entières. 743
Feuilles dentées . . . . C. *glaucum*. L.

743 { Feuilles blanches-farineuses; plante fétide.
. . . . C. *Vulvaria*. L.
Feuilles glabres; plante d'odeur herbacée. .
. . . . C. *polyspermum*. L.

744 { Feuilles à limbe décurrent sur le pétiole. .
. . . . C. *urbicum*. L.
Feuilles dont le limbe ne se prolonge pas sur
le pétiole 745

745 { Grappes de fleurs feuillées jusqu'au sommet;
plante à la fin rougeâtre. C. *rubrum*. L.
Grappes de fleurs tout à fait nues ou feuillées
à la base seulement. 749

746 { Feuilles triangulaires sagittées, entières, ondulées sur les bords. C. *Bonus-Henricus*. L.
Feuilles anguleuses ou dentées, au moins
vers leur sommet 747

747 { Feuilles arrondies-rhomboïdales, presque
trilobées, glauques en dessous . . . .
. . . . C. *opulifolium*. Schr.
Feuilles ovales-rhomboïdales, en coin à la
base, munies de dents nombreuses, aiguës.
. . . . C. *murale*. L.
Feuill. ovales-rhomboïdes, en cœur à la base,
subpalmées à 4-5 grosses dents de chaque
côté . . . . C. *hybridum*. L.

748 | CYNANCHUM. Brown. *Asclépiadées*.
Fleurs blanches. C. *Vincetoxicum*. Brown.

749 | SWERTIA. Lin. *Gentianées*.
Fleurs bleuâtres, ponctuées. S. *perennis*. L.

8

750 | GENTIANA. Lin. *Gentianées* . . . . . . 751.

751 { Fleurs bleues 752
{ Fleurs jaunes. . . . . . . *G. lutea.* L.

752 { Gorge de la corolle nue 753
{ Gorge de la corolle barbue en dedans. . . 760

753 { Lobes de la corolle ciliés sur les bords. . .
{ . . . . *G. ciliata.* L.
{ Lobes de la corolle entiers ou dentés , mais
{ non ciliés 754

754 { Corolle à 4 divisions. . . *G. cruciata.* L.
{ Corolle à plus de 4 divisions. 755

755 { Feuilles linéaires ou linéaires-lancéolées. .
{ . . . . *G. Pneumonanthe.* L.
{ Feuilles ovales ou ovales-lancéolées . . . 756

756 { Calice renflé et à 5 angles très-saillants . .
{ . . . . *G. utriculosa.* L.
{ Calice non renflé et à 5 angles peu saillants. 757

757 { Tige uniflore. 758
{ Tige pluriflore . . . *G. asclepiadea.* L.

758 { Corolle en cloche , tige souvent plus courte
{ que la fleur. . . . . . *G. acaulis.* L.
{ Corolle en entonnoir ; tige plus longue que
{ la fleur 759

759 { Style divisé; feuilles obovales ou arrondies,
{ très-obtuses . . . . *G. bavarica.* L.
{ Style entier ; feuilles lancéolées , aiguës. .
{ . . . . *G. verna.* L.

760 { Corolle à 4 div.; cal. à 4 ou 5 lobes dont 2
{ plus grands que les autres. *G. campestris.* L.
{ Corolle à 5 divisions; lobes du calice sensi-
{ blement égaux 761

761 Lobes du calice presque aussi longs que le tube de la corolle. . . *G. Amarella.* L.
Lobes du calice ne dépassant pas le milieu du tube de la corolle. *G. germanica.* L.

762 | Cuscuta, Lin. *Convolvulacées* 763

763 Tige simple . . *C. densiflora.* Soy-Will.
Tige rameuse 764

764 Ecailles de la corolle appliquées contre le tube. . . . . . *C. Europæa.* L.
Ecailles de la corolle convergentes et fermant le tube. . . . *C. Epithymum.* L.

765 | Hydrocotyle. Lin. *Ombellifères.*
Fleurs blanches ou rosées. *H. vulgaris.* L.

766 | Eryngium. Lin. *Ombellifères.*
Fleurs blanches; feuilles épineuses . . .
. . . . *E. campestre.* L.

767 | Astrantia. Lin. *Ombellifères.*
Dents du calice oval. lancéolées, acuminées.
. . . . *A. major.* L.

768 | Bupleurum. Lin. *Ombellifères* 769

769 Feuilles embrassantes, au moins les supér. 770
Feuilles non embrassantes 771

770 Point d'involucre. . *B. rotundifolium.* L.
Un involuc. de 3-5 folioles. *B. longifolium.* L.

771 Ombelles de 3-10 rayons; involucelle 1-2 fois plus court que l'ombellule. *B. falcatum.* L.
Ombelles de 3 rayons; involucelle dépassant à la fin l'ombell. *B. tenuissimum.* L.

772 | Helosciadium. Koch. *Ombellifères.* . . . 773

773 Ombelle sessile; pédoncule plus court que les rayons. . . *H. nodiflorum.* Koch.
Ombelle portée sur un pédoncule plus long que les rayons. . . *H. repens.* Koch.

774 | **Apium.** Lin. *Ombellifères.*
Fleurs d'un jaune pâle.   *A. grave-olens.* L.

775 | **Trinia.** Hoffm. *Ombellifères.*
Fleurs dioïques, ombelles nombreuses. . .
. . . . *T. vulgaris.* Dec.

776 | **Petroselinum.** Hoffm. *Ombellifères.*
Feuilles glabres, luisantes. *P. sativum.* Hoff.

777 | **Ammi.** Lin. *Ombellifères.*
Folioles de l'involucre trifides. *A. majus.* L.

778 | **Ægopodium.** Lin. *Ombellifères.*
Feuilles 2-3 fois ternées. *A. Podagraria.* L.

779 | **Carum.** Lin. *Ombellifères* 780
Pétioles des feuilles inférieures munis de 2
petites folioles à leur base.   *C. Carvi.* L.
780 | Pétioles des feuilles inférieures dépourvus
de folioles à leur base . . . .
. . . . . . *C. Bubocastanum.* Koch.

781 | **Pimpinella.** Lin. *Ombellifères* 782
Tige anguleuse, sillonnée.   *P. magna.* L.
782 | Tige arrondie, non anguleuse . . . . .
. . . . *P. Saxifraga.* L.

783 | **Cicuta.** Lin. *Ombellifères.*
Fleurs blanches; tige fistuleuse. *C. virosa.* L.

784 | **Falcaria.** Host. *Ombellifères.*
Segments des feuilles linéaires-lancéolés. .
. . . . *F. Rivini.* Host.

785 | **Berula.** Koch. *Ombellifères.*
Folioles de l'involucre pinnatifides. . . .
. . . . . . *B. angustifolia.* Koch.

786 | **Sium.** Lin. *Ombellifères.*
Feuilles supérieures engaînantes . . . . .
. . . . *S. latifolium.* L.

V87 | **Meum**. Tournef. *Ombellifères.*
Segments des feuilles multifides, à lanières
capillaires. . *M. athamanticum.* Jacq.

V88 | **Angelica**. Lin. *Ombellifères* 789

V89 { Segments des feuilles ovales-lancéolés . . 790
Segments des feuilles linéaires. . . . .
. . . . *A. pyrenæa.* Duby.

V90 { Segments supérieurs réunis, décurrents à
leur base. . . . . *A. montana.* Schl.
Segments tous distincts, point décurrents .
. . . . *A. sylvestris.* L.

V791 | **Sanicula**. Lin. *Ombellifères.*
Feuilles radicales palmatipartites . . . .
. . . . *S. Europæa.* Lin.

V792 | **Foeniculum**. Hoffm. *Ombellifères.*
Feuill. divisées en lanières linéaires . . . .
. . . . *F. officinale.* All.

V793 | **Levisticum**. Koch. *Ombellifères.*
Segments des feuilles en coin, incisés au sommet . . . . . . *L. officinale.* Koch.

V794] **Selinum**. Lin. *Ombellifères.*
Tige ailée-anguleuse. . *S. Carvifolia.* L.

V795 | **Æthusa**. Lin. *Ombellifères.*
Folioles de l'involucre ternées, dépassant
l'ombellule. . . . . *A. Cynapium.* L.

796 | **OEnanthe**. Lin. *Ombellifères* 797

797 { Pétiole plein 798
Pétiole fistuleux. . . . *O. fistulosa.* Lin.

798 { Feuilles 3 fois ailées. *O. Phellandrium.* Lam.
Feuilles 1-2 fois ailées. 799

799 { Segments des feuilles inférieures linéaires ;
pétales extérieurs de l'ombelle divisés jusqu'au tiers. . *O. peucedanifolia.* Poll.
Segments des feuill. inférieures ovales ou en
coin; pétales extérieurs de l'ombelle divisés
jusqu'à la moitié. . *O. Lachenalii.* Gmel.

800 | SESELI. Lin. *Ombellifères.* 801

801 { Folioles de l'involucelle soudées au sommet.
. . . . . . *S. Hippomarathrum.* L.
Folioles de l'involucelle libres 802

802 { Folioles de l'involucelle moins longues que
l'ombellule. 803
Folioles de l'involucelle dépassant l'ombellule. . . . . *S. coloratum.* Ehrh.

803 { Rayons cylindriques, glabres; folioles de
l'involucelle plus courtes que l'ombellule.
. . . . *S. glaucum.* Jacq.
Rayons anguleux, pubescents du côté interne; folioles de l'involucelle égalant
l'ombellule. . . . *S. montanum.* L.

804 | SILAUS. Besser. *Ombellifères.*
Involucre à 1-2 folioles; feuilles profondé-
ment divisées en lanières linéaires. . .
. . . . *S. pratensis.* Bes.

805 | LIBANOTIS. Crantz. *Ombellifères*
Segments des feuilles incisés-pinnatifides, les
inférieures croisés autour du pétiole commun. . . . . . . *L. montana.* All.

806 | TORDYLIUM. Lin. *Ombellifères.*
Feuilles à segments ovales, dentés . . .
. . . . *T. maximum.* L.

807 | HERACLEUM. Lin. *Ombellifères.*
Tige fistuleuse, sillonnée, hérissée . . .
. . . . *H. Spondylium.* L.

808 | PASTINACA. Lin. *Ombellifères.*
Tige anguleuse, sillonnée. *P. sativa.* L.

809 | ANETHUM. Lin. *Ombellifères.*
Tige glabre; graines bordées . . . . .
. . . . *A. grave-olens.* L.

3810 | IMPERATORIA. Lin. *Ombellifères.*
Gaînes supérieures très-amples. . . . .
. . . . *I. Ostruthium.* L.

3811 | PEUCEDANUM. Koch. *Ombellifères* 812

812 { Fleurs jaunes ou jaunâtres 813
Fleurs blanches ou verdâtres 815

813 { Involucre nul ou à 2 ou 3 folioles caduques. 814
Involucre à plus de 3 folioles . . . . .
. . . . *P. alsaticum.* L.

814 { Tige striée; rayons de l'ombelle glabres;
feuilles 3-4 fois tripartites, à folioles entières, linéaires. . . . *P. officinale.* L.
Tige anguleuse; rayons de l'ombelle hérissés du côté intérieur; feuilles ailées, à folioles pinnatifides. . *P. Chabraei.* Reich.

815 { Involucre à 6-10 folioles 816
Involucre à une foliole ou nul . . . . .
. . . . *P. Chabraei.* Reich.

816 { Ombelle général composé de 20-30 rayons. 817
Ombelle général à moins de 20 rayons . . 818

817 { Folioles divisées en lobes linéaires-lancéolés;
plante marécageuse. *P. palustre.* Moench.
Folioles divisées en lobes cunéiformes-inci-
sés; plante ne croissant point dans les lieux
humides. . . . *P. Austriacum.* Koch.

818 { Feuilles glauques; pétioles non flexueux;
folioles ovales, dentées ou crénelées . .
. . . . *P. Cervaria.* Lap.
Feuilles non glauques; pétioles flexueux-
brisés; folioles incisées- pinnatifides . .
. . . . *P. Oreoselinum.* Moench.

819 | SILER. Scop. *Ombellifères.*
Plante glabre; ombelle à 15-20 rayons . .
. . . . *S. trilobum.* Scop.

820 | **LASERPITIUM**. Lin. *Ombellifères*. 128

821 { Segments des feuilles ovales, dentés . . .
. . . . *L. latifolium*. L.
Segments des feuilles lancéolés, entiers. .
. . . . *L. Siler*. L.

822 | **DAUCUS**. Lin. *Ombellifères*.
Tige hérissée; involucre égalant l'ombellule.
. . . . *D. Carota*. L.

823 | **ORLAYA**. Hoffm. *Ombellifères*.
Pétales extérieurs dépassant la longueur de
l'ovaire . . . *O. grandiflora*. Hoffm.

824 | **CAUCALIS**. Hoffm. *Ombellifères*. 825

825 { Côtes secondaires chargées de 2-3 rangs d'ai-
guillons glochidiés au sommet . . . .
. . . . *C. leptophylla*. L.
Côtes secondaires chargées de 1 seul rang
d'aiguillons simples, crochus au sommet.
. . . . *C. daucoides*. L.

826 | **TURGENIA**. Hoffm. *Ombellifères*.
Plante hérissée; ombelle de 2-4 rayons . .
. . . . *T. latifolia*. Hoffm.

827 | Torilis. Hoffm. *Ombellifères*. 828

828 { Involucre nul ou à une foliole 829
Involucre à 6-12 folioles . . . . . .
. . . . *T. Anthriscus*. Gærtn.

829 { Ombelle pédonculée. . *T. helvetica*. Gmel.
Ombelle sessile, opposée aux feuilles. . .
. . . . *T. nodosa*. Gærtn.

830 | **ANTHRISCUS**. Hoffm. *Ombellifères* 831

831 { Ombelles toutes pédonculées, involucelles
complets. 832
Ombelles latérales presque sessiles; involucelles dimidiés. *A. Cerefolium*. Hoffm.

832 { Ombelles nues à là base ; fruits lisses . . .
. . . . A. sylvestris. Hoffm.
Ombelles munies à la base d'une feuille pin-
natifide, fruits hérissés. A. vulgaris. Pers.

833 | SCANDIX. Lin. *Ombellifères.*
Ombelles de 1-3 rayons; involucelles de 3-5
folioles entières ou trifides. . . . . .
. . . . S. Pecten veneris. L.

834 | CHÆROPHYLLUM. Lin. *Ombellifères* . . . 835

835 { Pétales glabres; styles réfléchis ou recourbés. 836
Pétales velus ou ciliés; styles droits . . .
. . . . C. hirsutum. L.

836 { Tige renflée sous les articulations 837
Tige égale, peu ou point renflée. C. aureum. L.

837 { Folioles de l'involucelle ciliées ; tige pleine.
. . . . C. temulum. L.
Folioles de l'involucelle non ciliées; tige
fistuleuse. . . . . . C. bulbosum. L.

838 | MYRRHIS. Scopoli. *Ombellifères.*
Fruits olivâtres, luisants. M. odorata. Scop.

839 | CONIUM. Lin. *Ombellifères.*
Tige cylindrique, lisse, maculée; feuilles
luisantes. . . . . C. maculatum. L.

840 | CORIANDRUM. Lin. *Ombellifères.*
Feuilles inférieures à segments cunéiformes,
les supérieures divisées en lanières linéaires . . . . . . C. sativum. L.

Trigynie. — 3 styles.

841 | STAPHYLEA. Lin. *Célastrinées.*
Fleurs blanches, en grappes. S. pinnata. L.

8.

842 | CORRIGIOLA. Lin. *Paronychiées.*
Fleurs blanches, en grappes. *C. littoralis.* L.

843 | VIBURNUM. Lin. *Caprifoliacées.*   844

844 {
Feuilles ovales, dentées, tomenteuses.
. . . . *V. Lantana.* L.
Feuilles lobées, glabres . *V. Opulus.* L.

845 | SAMBUCUS. Tournef. *Caprifoliacées* . . . 846

846 {
Tige herbacée. . . . . . *S. Ebulus.* L.
Tige ligneuse 847

847 {
Fl. pédicellées, en grappes. *S. racemosa.* L.
Fleurs en cyme, les latérales sessiles. . .
. . . . *S. nigra.* L.

Tétragynie. — 4 styles.

848 | PARNASSIA. Tournef. *Droséracées.*
Tiges presque nues; feuilles en cœur . .
. . . . *P. palustris.* L.

Pentagynie. — 5 styles.

849 | SIBBALDIA. Lin. *Rosacées.*
Tiges couchées; fleurs en grappes. . .
. . . . *S. procumbens.* L.

850 | CRASSULA. Lin. *Crassulacées.*
Fleurs blanches, en grappes. *C. rubens.* L.

851 | LINUM. Tournef. *Linées* 852

852 {
Feuilles toutes opposées. *L. Catharticum.* L.
Feuilles la plupart alternes ou éparses . . 853

853 {
Sépales ciliés-glanduleux.
. . . . *L. tenuissimum.* L.
Sépales ni ciliés, ni glanduleux 854

(Capsules dépassant les sépales ; tiges nombreuses 855
3 854 ⟨ Sépales égalant la capsule ; racine n'émettant qu'une seule tige simple. . . . .
  . . . . *L. usitatissimum.* L.

(Pédoncules fructifères courbés . . . . .
  . . . . *L. Austriacum.* L.
855 ⟨ Pédoncules fructifères dressés . . . . .
  . . . . *L. Leonii.* Schultz.

856 | **DROSERA.** Lin. *Droséracées* 857

(Feuilles dressées, à limbe allongé, insensiblement rétréci en pétiole. 858
857 ⟨ Feuilles étalées, à limbe orbiculaire, subitement rétréci en pétiole. *D. rotundifolia.* L.

(Scape au moins une fois plus long que les
  feuilles 859
858 ⟨ Scape dépassant à peine les feuilles . . .
  . . . . *D. intermedia.* Hayn.

(Capsule plus courte que les sépales. . . .
  . . . . . . *D. obovata.* M. et K.
859 ⟨ Capsule dépassant les sépales. . . . .
  . . . . *D. anglica.* Huds.

860 | **STATICE.** Lin. *Plumbaginées.*
  Feuilles radicales, linéaires. *S. Armeria.* L.

Polygynie. — Styles nombreux.

861 | **MYOSURUS.** Dill. *Renonculacées.*
  Sépales prolongés à leur base. . . . .
  . . . . *M. minimus.* L.

CLASSE VI.

HEXANDRIE.

6 étamines égales ou 5 alternes plus courtes.

Analyse des genres.

862 { Tige herbacée 863
    { Tige ligneuse. . . . . . . BERBERIS. 900

863 { Un seul style. . . . . ; . . 864
    { Plusieurs styles ou plusieurs ovaires . . . 892

864 { Fleurs munies d'un calice et d'une corolle
    {   distincts. 865
    { Une seule enveloppe florale (périgone) . . 868

865 { Feuilles opposées 866
    { Feuilles alternes. 867

866 { Fleurs jaunes. . . . . *Chlora.*
    { Fleurs rougeâtres ou verdâtres. . PEPLIS. 901

867 { Calice à 12 dents ; corolle polypétale . . .
    {   . . . . *Lythrum.*
    { Calice à 5-6 divisions ; corolle monopétale.
    {   . . . . *Solanum.*

868 { Hampe nue ; feuilles toutes radicales. . . 869
    { Tige feuillée 882

869 { Ovaire libre ou supère, visible au fond de la
    {   fleur 870
    { Ovaire adhérent ou infère, placé sous la
    {   fleur 880

870 { Périgone divisé presque jusqu'à la base . . 871
    { Périgone dont les divisions ne dépassent pas
    {   le milieu 878

881　{ Périgone à 6 divisions égales. . . Leucoium. 902
　　 { Périgone à 6 divisions dont 3 intérieures plus
　　 　　 petites. . . . . Galanthus. 904

882　{ Feuilles filiformes, fasciculées. Asparagus. 917
　　 { Feuilles ni filiformes, ni fasciculées 883

883　{ Feuilles opposées . . . . . Peplis. 901
　　 { Feuilles verticillées 884
　　 { Feuilles alternes. 885

884　{ Fleurs blanches. *Convallaria verticillata.* L.
　　 { Fleurs pourpres. . . *Lilium Martagon.* L.

885　{ Périgone pétaloïde ayant l'apparence d'une
　　 　　 corolle 886
　　 { Périgone écailleux ressemblant à un calice. 891

886　{ Tige ne portant que 2 feuilles pétiolées, échan-
　　 　　 crées en cœur à la base. *Mayanthemum.*
　　 { Feuilles sessiles, point échancrées à la base
　　 　　 et au nombre de plus de deux. 887

887　{ Fleurs disposées en épi cylindrique le long
　　 　　 d'un spadice qui naît sur les côtés de la
　　 　　 tige. . . . . Acorus. 973
　　 { Fleurs solitaires ou en grappes 888

888　{ Périgone divisé jusqu'à la base. 889
　　 { Périgone dont les divisions n'atteignent pas
　　 　　 ou dépassent peu le milieu. Convallaria. 909

889　{ Fleurs en ombelle et renfermées avant la
　　 　　 floraison dans une spathe à 1-2 feuilles .
　　 　　 . . . . Allium. 927
　　 { Point de spathe à la base des fleurs. . . . 890

890　{ Anthères plus longues que les filets; styg-
　　 　　 mate simple; fruit bacciforme . . . .
　　 　　 . . . . Streptopus. 918
　　 { Anthères plus courtes que les filets; styg-
　　 　　 mate trigone; fruit capsulaire. Lilium. 922

891 { Capsule à une loge. . . . . . . LUZULA. 965
{ Capsule à 3 loges . . . . JUNCUS. 949

892 { 2-3 styles ou 2-3 ovaires 893
{ Plus de 3 styles . . . . . . ALISMA. 997

893 { Hampe uniflore; divisions du périgone sou-
{   dées en un long tube. . . COLCHICUM. 974
{ Tige chargée de plusieurs fleurs; périgone
{   divisé jusqu'à la base 894

894 { Hampe nue; feuilles radicales 895
{ Tige feuillée 896

895 { Périgone muni à sa base d'un petit involu-
{   cre à 3 dents simul. un calice. TOFIELDIA. 976
{ Point d'involucre caliciforme à la base du pé-
{   rigone . . . . TRIGLOCHIN. 978

896 { Feuilles opposées. . *Elatine hexandra*. L.
{ Feuilles alternes. 897

897 { Périgone à 6 divisions. 898
{ Périgone à 4-5 divisions . . *Polygonum*.

898 { Un seul ovaire . . . . RUMEX. 980
{ 3-6 ovaires 899

899 { Feuilles étroites, linéaires. SCHEUCHZERIA. 977
{ Feuilles ovales ou lancéolées. VERATRUM. 975

Analyse des espèces.

Monogynie. — 1 style.

900 | BERBERIS. Lin. *Berbéridées.*
    Rameaux épineux; feuilles fasciculées . .
    . . . . *B. vulgaris.* L.

901 | PEPLIS. Lin. *Lythrariées.*
    Fleurs solitaires, axillaires. *P. Portula*. L.

902 | LEUCOIUM. L. Lin. *Amaryllidées* 903
903 { Spathe uniflore. . . . . *L. vernum.* L.
　　{ Spathe pluriflore . . . . . *L. œstivum.* L.

904 | GALANTHUS. Lin. *Amaryllidées.*
　　　Hampe uniflore; fl. blanches. *G. nivalis.* L.

905 | NARCISSUS. Lin. *Amaryllidées* 906
　　{ Fleurs blanches, odorantes. *N. poeticus.* L.
906 { Fleurs jaunes, inodores
　　{ . . . . . . *N. Pseudo-Narcissus.* L.

907 | HEMEROCALLIS. Lin. *Liliacées* 908
　　{ Fleurs jaunes; divisions du périgone non
908 {　 veinées. . . . . . *H. flava.* L.
　　{ Fleurs d'un jaune pourpre; divisions du pé-
　　{　 rigone veinées. . . . *H. fulva.* L.

909 | CONVALLARIA. Lin. *Asparagées* 910
910 { Tige feuillée; fleurs cylindriques, en cloche. 911
　　{ Hampe nue; fleurs en godet. *C. Majalis.* L.

911 { Feuilles verticillées. . *C. verticillata.* L.
　　{ Feuilles alternes. 912

　　{ Tige anguleuse, arquée; pédoncules portant
　　{　 1-2 fleurs. . . . *C. Polygonatum.* L.
912 { Tige cylindrique; pédoncules portant 3-5 fl.
　　{ . . . . *C. multiflora.* L.

913 | ENDYMION. Dumortier. *Liliacées.*
　　　Fleurs penchées, en grappe unilatérale . .
　　　. . . . . *E. nutans.* Dum.

914 | MUSCARI. Tournef. *Liliacées.* 915
　　{ Fleurs supérieures stériles, portées sur des pé-
　　{　 doncules très-allongés, formant une touffe
915 {　 distincte de la grappe. *M. comosum.* Mill.
　　{ Fleurs supérieures presque sessiles, ne for-
　　{　 mant point de touffe 916

916 { Grappe courte, ovoïde, serrée; fleurs odorantes. . . . . *M. racemosum*. Mill.
Grappe lâche; fleurs inférieures écartées, inodores. . . . *M. botryoides*. Mill.

917 | ASPARAGUS. Tournef. *Asparagées*.
Fl. solitaires ou géminées. *A. officinalis*. L.

918 | STREPTOPUS. Michaux. *Asparagées*.
Fleurs blanches; feuilles amplexicaules. .
. . . . *S. amplexifolius*. Dec.

919 | GAGEA. Salisbury. *Liliacées*. 920

920 { Pédoncules trigones, glabres; une seule feuille radicale 921
Pédoncules arrondis, velus; 2 feuilles radicales . . . . . *G. arvensis*. Schult.

921 { Racine composée de 2-3 tubercules . . .
. . . . . . *G. stenopetala*. Reich.
Racine composée d'un seul tubercule. . .
. . . . *G. lutea*. Schult.

922 | LILIUM. Tournef. *Liliacées* 923

923 { Feuilles éparses 924
Feuilles verticillées. . . *L. Martagon*. L.

924 { Fleurs blanches . . . *L. candidum*. L.
Fleurs orangées . . . *L. bulbiferum*. L.

925 | ANTHERICUM. Lin. *Liliacées*. 926

926 { Scape simple; style incliné; capsule aiguë.
. . . . *A. Liliago*. L.
Scape rameux; style dressé; capsule obtuse.
. . . . *A. ramosum*. L.

927 | ALLIUM. Lin. *Liliacées* 928

928 { Feuilles planes ou courbées en gouttière. . 929
Feuilles cylindriques ou demi-cylindriques. 936

929 { Ombelles composées de fleurs seulement. . 930
Ombelles composées de fleurs et de bulbes. 934

930 { Tige garnie de feuill. au moins inférieurem.   931
    { Tige tout à fait nue ; feuilles radicales   .   .   933

931 { Filets des étamines simples. *A. Victorialis.* L.
    { Filets des étamines trifurqués   932

932 { Filets des étamines plus longs que le péri-
      gone ; bulbe radical simple. *A. Porrum.* L.
    { Etamines incluses ; bulbe radical formé de
      plusieurs bulbilles.   .   *A. rotundum.* L.

933 { Fleurs roses ; feuilles linéaires, tige à 2 an-
      gles aigus.   .   *A. acutangulum.* Schrad.
    { Fleurs blanches ; feuilles lancéolées ; tige à
      3 angles obtus.   .   .   .   *A. ursinum.* L.

934 { Filets des étamines simples ; bulbe radical
      non divisé.   .   .   .   *A. carinatum.* L.
    { Filets des étamines divisés ; bulbe radical
      formé de plusieurs bulbilles distincts .   .   935

935 { Etamines plus longues que la fleur ; spathe
      dépassant l'ombelle.   .   . *A. sativum.* L.
    { Etamines plus courtes que la fleur ; spathe
      ne dépassant point l'ombelle .   .   .   .
    .   .   .   .   .   *A. Scorodoprasum.* L.

936 { Ombelles composées de fleurs seulement.   .   937
    { Ombelles composées de fleurs et de bulbes .   940

937 { Filets des étamines simples   938
    { Filets des étamines trifurqués   939

938 { Feuilles linéaires, égales dans toute leur
      longueur ; étamines incluses .   .   .   .
    .   .   .   .   .   *A. schœnoprasum.* L.
    { Feuilles ventrues ; étamines saillantes   .   .
    .   .   .   .   .   .   *A. fistulosum.* L.

939 { Feuilles semi-cylindriques ; tige feuillée in-
      férieurement ; étamines saillantes .   .   .
    .   .   .   .   .   *A. Sphœrocephalum.* L.
    { Feuilles cylindriques, fistuleuses ; tige nue ;
      étamin. non saillantes. *A. Ascalonicum.* L.

940 { Tige ventrue, renflée . . . *A. Cepa.* L.
{ Tige non renflée. 941

941 { Filets des étamines simples ; feuilles semi-
cylindriques ; spathe dépassant l'ombelle.
. . . . *A. oleraceum.* L.
Filets des étamines dentés ou trifurqués ;
feuilles cylindriques ; spathe courte . . 942

942 { Tige canaliculée, feuillée jusqu'au milieu ;
fleurs purpurines . . . *A. vineale.* L.
Tige parfaitement cylindrique, nue ; fleurs de
couleur lilas. . . . *A. ascalonicum.* L.

943 | ORNITHOGALUM. Lin. *Liliacées.* 944

944 { Fleurs jaunes. . *O. sulphureum.* R. et Sch.
{ Fleurs jamais jaunes 945

945 { Fleurs en corymbe ombelliforme ; étamines
entières au sommet. *O. umbellatum.* L.
Fleurs penchées, en grappe à la fin unilatérale ; étamines dentées. . . *O. nutans.*

946 | SCILLA. Lin. *Liliacées.* 947

947 { Bulbe émettant 2 feuilles, rarement 3 ; pédoncules dressés. . . . *S. bifolia.* L.
Bulbe émettant plus de 3 feuilles filiformes ;
pédoncules ascendants. *S. autumnalis.* L.

948 | TULIPA. Tournef. *Liliacées.*
Fleur jaune, solitaire. . *T. sylvestris.* L.

949 | JUNCUS. Lin. *Joncées* 950

950 { Chaumes nus ; feuilles radicales 951
{ Chaumes feuillés 957

951 { Fleurs terminales 952
{ Fleurs latérales ou pseudo-latérales . . . 953

952 $\left\{\begin{array}{l}\text{3 étamines; sépales dépassant la capsule;}\\ \text{fleurs en capitule simple ou divisé } . . . .\\ \qquad . . . . \textit{J. capitatus.} \textbf{Weig.}\\ \text{6 étamines; sépales ne dépassant pas la cap-}\\ \text{sule; fleurs en cyme. } \quad \textit{J. squarrosus.} \textbf{L.}\end{array}\right.$

953 $\left\{\begin{array}{l}\text{Chaume filiforme, penché. } \textit{J. filiformis.} \textbf{L.}\\ \text{Chaume 5-6 fois plus épais qu'un fil et ordi-}\\ \text{nairement dressé.} . . . . \quad 954\end{array}\right.$

954 $\left\{\begin{array}{l}\text{Chaume interrompu et comme articulé, mar-}\\ \text{qué d'étranglements rapprochés.} . . . .\\ \qquad . . . . \textit{J. glaucus.} \text{Erhr.}\\ \text{Chaume continu, non marqué d'élévations}\\ \text{et d'enfoncements } . . . . \quad 955\end{array}\right.$

955 $\left\{\begin{array}{l}\text{6 étamines; un style distinct; gaînes lui-}\\ \text{santes et d'un pourpre noir } . . . . .\\ \qquad . . . . \textit{J. effusus.} \text{Hopp.}\\ \text{3 étamines; style presque nul; gaînes non}\\ \text{luisantes; fleurs verdâtres.} . . . . . \quad 956\end{array}\right.$

956 $\left\{\begin{array}{l}\text{Capsule terminée par un petit mamelon sail-}\\ \text{lant sur lequel s'insère le style; chaume}\\ \text{rude.} . . . . \quad \textit{J. conglomeratus.} \textbf{L.}\\ \text{Capsule marquée au sommet d'une alvéole}\\ \text{dans laquelle le style est inséré; chaume}\\ \text{lisse.} . . . . \quad \textit{J. effusus.} \textbf{L.}\end{array}\right.$

957 $\left\{\begin{array}{ll}\text{Feuilles marquées de nœuds transversaux.} & 958\\ \text{Feuilles dépourvues de nœuds transversaux.} & 961\end{array}\right.$

958 $\left\{\begin{array}{ll}\text{Sépales la plupart obtus et égaux } . . . . & 959\\ \text{Sépales aristés, les intérieurs plus longs que}\\ \text{les extérieurs. } . . \textit{J. sylvaticus,} \text{Reich.}\end{array}\right.$

959 $\left\{\begin{array}{l}\text{Sépales extérieurs mucronés sous le sommet;}\\ \text{gaîne en carène aiguë. } \quad \textit{J. alpinus.} \text{Vill.}\\ \text{Sépales extérieurs non mucronés; gaîne en}\\ \text{carène obtuse} . . . . \quad 960\end{array}\right.$

0960 { Sépales voûtés au sommet, égalant la capsule. . . . . . . J. *obtusiflorus*. Erhr.
Sépales planes au sommet, dépassant la capsule. . . . . J. *lampocarpus*. Erhr.

0961 { Fleurs solitaires ou géminées ; sépales plus longs que la capsule. 964
Fleurs agglomérées en capitule ; sépales plus courts que la capsule 962

0962 { 3 étamines ; chaumes et feuilles filiformes. . . . . . . J. *supinus*. Mœnch.
6 étamines ; feuilles linéaires 963

0963 { Capsule presque globuleuse, obtuse, dépassant les sépales. . . . J. *bulbosus*. L.
Capsule oblongue égalant les sépales. . . . . J. *Gerardi*. Lois.

0964 { Rameaux très-étalés ; fleurs brunes . . . . J. *Tenageia*. Erhr.
Rameaux redressés ; fleurs verdâtres . . . . J. *bufonius*. L.

0965 | LUZULA. Dec. *Joncées* 966
0966 { Fleurs blanches ou rosées. L. *albida*. Dec.
Fleurs jaunes ou jaunâtres . . . . L. *flavescens*. Gaud.
Fleurs rousses ou brunes. 967

0967 { Fleurs en corymbe ou en ombelle irrégul. 968
Fleurs en épis ou en grappes terminales. . 971

0968 { Pédicelles uniflores 969
Pédicelles portant chacun 3-4 fl. rapprochées. 970

0969 { Feuilles radicales linéaires ; pédoncules dressés. . . . . . . L. *Forsteri*. Dec.
Feuilles radicales lancéolées ; pédoncules supérieurs à la fin réfractés. L. *pilosa*. Will.

970 { Feuilles caulinaires glabres . . . . .
. . . . L. *spadicea.* Dec.
Feuilles caulinaires poilues . . . . .
. . . . L. *maxima.* Dec.

971 { Filets des étamines 4 fois plus courts que l'anthère ; capsule arrond. *L.campestris.* Desv.
Filets des étamines presque aussi longs que
l'anthère ; capsule apiculée . . . . . 972.

972 { Fleurs brunes . . . . L. *erecta.* Desv.
Fleurs noirâtres . . . L. *nigricans.* Desv.

973 | ACORUS. Lin. *Aroïdes.*
Feuilles lancéolées, engaînantes . . . .
. . . . A. *Calamus.* L.

Digynie. — 2 *styles.*

974 | COLCHICUM. Lin. *Colchicacées.*
Tube de la fleur 5-6 fois plus long que le
limbe. . . . . . . C. *autumnale.* L.

975 VERATRUM. Lin. *Colchicacées.*
Gaînes des feuilles inférieures tronquées
transversalement. V. *Lobelianum.* Bern.

976 | TOFIELDIA. Huds. *Colchicacées.*
Pédicelles munis de 2 bractées, l'une à sa
base, l'autre sous la fleur . . . . . .
. . . . T. *calyculata.* Wahl.

977 | SCHEUCHZERIA. Lin. *Juncaginées.*
Fleurs jaunâtres, en grappe. S. *palustris.* L.

978 | TRIGLOCHIN. Lin. *Juncaginées* 979

979 { Capsule ovale, arrondie à la base, à 6 loges.
. . . . T. *maritimum.* L.
Capsule linéaire, atténuée à la base, à 3 loges.
. . . . T. *palustre.* L.

990 {
Divisions internes du périgone munies de
dents allongées, subulées ; verticilles écartés. . . . . . . *R. obtusifolius.* L.
Divisions internes du périgone munies de
dents triangulaires, courtes ; verticilles
rapprochés. . . *R. pratensis.* M. et K.
}

991 {
Divisions internes du périgone dépourvues
de callosités 992
Une seule des divisions internes du périgone
munie de callosité 993
Toutes les divisions internes du périgone
pourvues de callosité 994
}

992 {
Feuilles radicales aiguës au sommet ; pétiole
arrondi en dessous. . *R. aquaticus.* L.
Feuilles radicales arrondies-obtuses au som-
met ; pétiole sillonné en dessous . . .
. . . . *R. alpinus.* L.
}

993 {
Divisions internes du périgone arrondies en
cœur ; feuilles ovales ou lancéolées . .
. . . . *R. Patientia.* L.
Divisions internes du périgone linéaires-ob-
longues ; feuilles en cœur à la base. . .
. . . . *R. sanguineus.* L.
}

994 {
Verticilles tous ou presque tous dépourvus
de bractées à leur base 995
Verticilles tous ou presque tous munis à leur
base d'une bractée florale . . . . .
. . . . . . *R. conglomeratus.* Murr.
}

995 {
Feuilles ondulées-crépues ; plante ne dépassant point un mètre. . . *R. crispus.* L.
Feuilles ondulées, mais non crépues ; plante
dépassant un mètre 996
}

C996 { Div. int. du périgone ovales-triangulaires;
feuilles atténuées à la base . . . . .
. . . . . R. *Hydrolapathum*. Huds.
Div. intérieures du périgone en cœur; feuill.
échancrées à la base. *R. maximus*. Schreb.

Polygynie. — *Styles nombreux.*

C997 | ALISMA. Lin. *Alismacées* 998
C998 { Tige feuillée . . . . . . *A. natans.* L.
Tige nue; feuilles radicales 999

C999 { Fleurs en panicule rameuse. *A. Plantago.* L.
Fl. en ombelle simple. *A. ranunculoïdes.* L.

— —

CLASSE VII.

HEPTANDRIE.

7 étamines dans une fleur hermaphrodite.

Analyse des genres.

1·1000 { Arbre élevé; feuilles digitées. . *Æsculus.* 1001
Herbe; fleurs jaunes . *Gentiana lutea.* L.
Herbe; fleurs blanches. *Stellaria media.* L.

Analyse des espèces.

Monogynie. — 1 style.

1001 | ÆSCULUS. Lin. *Hippocastanées.*
Fleurs roses ou blanches . . . .
. . . . . . *A. Hippocastanum.* L.

9

CLASSE VIII.

OCTANDRIE.

8 *étamines libres dans une fleur hermaphrodite.*

Analyse des genres.

1002 { Tige ligneuse 1003
     { Tige herbacée 1009

1003 { Un calice et une corolle. 1004
     { Une seule enveloppe florale. 1008

1004 { Corolle monopétale 1005
     { Corolle polypétale. 1007

1005 { Feuilles opposées ou verticillées 1006
     { Feuilles alternes ou éparses.   VACCINIUM. 1042

1006 { Cloisons des capsules correspondant aux sutures des valves ; calice double. CALLUNA. 1039
     { Cloisons des capsules correspondant au milieu des valves ; cal. simple. . ERICA. 1040

1007 { Feuilles lobées ou palmées . . . ACER. 1020
     { Feuill. digit. *Æsculus Hippocastanum*. L.

1008 { 2 styles ; arbre élevé. *Ulmus effusa*. Wild.
     { 1 style ; arbrisseau. . . . . DAPHNE. 1046

1009 { Feuilles simples, entières ou dentées . . 1010
     { Feuilles composées, à pétiole ramifié . . 1019
     { Feuilles nulles , remplacées par des écailles. . . . . *Monotropa*.

0 010 {
Une seule enveloppe florale 1011
Un calice et une corolle. 1014
Calice et corolle nuls; étamines et ovaires
    épars sur un spadice. *Calla palustris*. L.
}

0 011 {
Feuilles munies d'une gaîne. POLYGONUM. 1051
Feuilles dépourvues de gaîne. 1012
}

0 1012 {
Un style . . . . PASSERINA. 1050
Deux styles 1013
}

0 1013 {
Feuilles linéaires; des stipules. *Scleranthus.*
Feuilles arrondies; stipules nulles . . .
    . . . . CHRYSOSPLENIUM. 1063
}

0 1014 {
Feuilles alternes 1015
Feuilles opposées 1017
Feuilles verticillées . . . . . PARIS. 1065
}

0 1015 {
Fleur régulière. 1016
Fleur irrégulière, éperonnée. *Tropæolum.*
}

0 1016 {
Fleurs jaunes . . . . . . ŒNOTHERA. 1023
Fleurs rouges ou rosées . . . EPILOBIUM. 1025
}

0 1017 {
Fleurs jaunes . . . . . . CHLORA. 1038
Fleurs blanches ou roses 1018
}

0 1018 {
1 style. . . . . EPILOBIUM. 1025
2 styles . . . . *Mœhringia.*
4 styles . . . . ELATINE. 1067
}

0 1019 {
Corolle nulle; 4 styles . . . . ADOXA. 1066
1 calice et 1 corolle; 1 style . . RUTA. 1037
}

Analyse des espèces.

Monogynie. — 1 style.

0 1020 | ACER. Lin. *Acérinées* 1021

0 1021 {
Fleurs en corymbes dressés. 1022
Fleurs en grappes pendantes . . . .
    . . . . . . *A. Pseudo-platanus.* L.
}

1022 { Bourgeons, calices et ovaires glabres; lobes des feuill. dentés. . *A. platanoïdes.* L.
Bourgeons, calice et ovaires velus; lobes des feuilles entiers. . . *A. campestre.* L.

1023 | OEnothera. Lin. *Onagraires* . . . . . 1024.

1024 { Pétales plus longs que les étamines . . .
. . . . *O. biennis.* L.
Pétales de la longueur des étamines. . . .
. . . . *O. muricata.* L.

1025 | Epilobium. Lin. *Onagraires* 1026

1026 { Fleurs irrégulières; étamines réfléchies. . 1027
Fleurs régulières; étamines dressées . . 1028

1027 { Feuilles lancéolées, veinées . . . . .
. . . . *E. angustifolium.* L.
Feuilles linéaires, non veinées . . . .
. . . . *E. Dodónœi.* Vill.

1028 { Stygmate entier, en massue. 1029
Stygmate quadripartite 1035

1029 { Tige sans lignes saillantes. *E. palustre.* L.
Tige marquée de 2-4 lignes saillantes . . 1030

1030 { Capsule glabre . . . . *E. alpinum.* L.
Capsule pubescente 1031

1031 { Tige à 4 angles très-marqués . . . . .
. . . . *E. tetragonum.* L.
Tige arrondie, cylindrique ou obscuré-
ment tétragone 1032

1032 { Racine émettant des rejets garnis de feuill. 1033
Point de rejets naissant de la racine. . . 1034

1033 { Fleurs penchées; feuilles en coin à la base.
. . . . *E. palustre.* L.
Fleurs dressées; feuilles arrondies à la base.
. . . . *E. virgatum.* Fr.
Fleurs réfléchies; feuill. atténuées à la base.
. . . . *E. alpinum.* L.

1034 { Feuilles pétiolées, atténuées aux 2 bouts . . .
. . . . *E. roseum.* Schreb.
Feuilles sessiles, arrondies à la base. . . .
. . . . *E. trigonum.* Schranck.

1035 { Feuilles embrassantes. . *E. hirsutum.* L.
Feuilles non embrassantes 1036

1036 { Feuilles pétiolées; plante glabre . . . . .
. . . . *E. montanum.* L.
Feuilles sessiles; plante velue . . . . . .
. . . . . . *E. parviflorum.* Schred.

1037 | RUTA. Lin. *Rutacées.*
Feuilles 2-3 fois ailées. *R. grave-olens.* L.

1038 | CHLORA. Lin. *Gentianées.*
Feuilles soudées à la base. *C. perfoliata.* L.

1039 | CALLUNA. Salisb. *Ericinées.*
Feuilles imbriquées, prolongées à la base.
. . . . *C. vulgaris.* Salisb.

1040 | ERICA. Lin. *Ericinées* 1041

1041 { Feuilles glabres, roulées en dessous. . . .
. . . . *E. scoparia.* L.
Feuilles glabres, planes. . *E. cinerea.* L.
Feuilles ciliées. . . . *E. Tetralix.* L.

1042 | VACCINIUM. Lin. *Vacciniées* 1043

1043 { Tiges couchées; corolle en roue . . . . .
. . . . *V. Oxicoccos.* L.
Tiges dressées ou ascendantes 1044

1044 { Rameaux arrondis 1045
Rameaux anguleux . . *V. Myrtillus.* L.

1045 { Anthères munies sur le dos de 2 arêtes. .
. . . . *V. uliginosum* L.
Anthères non aristées. *V. Vitis-idœa.* L.

9.

1046 | **Daphne**. Lin. *Thymélées* 1047

1047 { Fleurs réunies 2-3 le long des rameaux et entremêlées de feuilles. *D. Mezereum*. **L.**
Fleurs en petites grappes axillaires ou terminales dépourvues de feuilles. 1048

1048 { Feuilles glabres des 2 côtés 1049
Feuilles velues en dessous. *D. alpina*. **L.**

1049 { Fleurs d'un jaune verdâtre, inodores. . . .
. . . . *D. Laureola*. **L.**
Fleurs roses, odorantes. *D. Cneorum*. **L.**

1050 | **Passerina**. Lin. *Thymélées*.
Fl. axillaires, verdâtres. *P. annua*. Wick.

1051 | **Polygonum**. Lin. *Polygonées* 1052

1052 { Feuilles sagittées 1053
Feuilles non sagittées 1056

1053 { Fleurs fasciculées à l'aisselle des feuilles ; tige couchée 1054
Fleurs en grappes ou en épis ; tiges droites. 1055

1054 { Tige anguleuse ; 3 des divisions du périgone marquées d'une carène saillante .
. . . . *P. Convolvulus*. **L.**
Tige striée ; 3 des divisions du périgone prolongées en ailes membraneuses . .
. . . . *P. Dumetorum*. **L.**

1055 { Fleurs en épis lâches ; angles du fruit sinués-dentés . . . . . *P. tataricum*. **L.**
Fleurs en grappes ou en corymbe ; angles du fruit entiers. . . *P. fagopyrum*. **L.**

1056 { Fleurs en épis terminaux 1057
Fleurs fasciculées à l'aisselle des feuilles. .
. . . . *P. aviculare*. **L.**

11057 { 8 étamines; tige simple; 1 épi. . . . . .
. . . . *P. Bistorta.* L.
5-6 étamines; tige rameuse. 1058

11058 { Etamines saillantes; feuilles arrondies ou
échancrées à la base. *P. amphibium.* L.
Etamines incluses; feuilles atténuées à la
base. 1059

11059 { Fleurs en épis ovoïdes, serrés. 1060
Fleurs en épis filiformes, interrompus . . 1061

11060 { Gaînes des feuilles garnies de longs cils. .
. . . . *P. Persicaria.* L.
Gaînes des feuilles glabres ou garnies de
cils courts . . . *P. lapathifolium.* L.

11061 { Gaînes des feuilles velues ou hérissées;
plante dépourvue d'âcreté 1462
Gaînes des feuilles à peu près glabres; plante
âcre. . . . . . *P. Hydropiper.* L.

11062 { Epis redressés; 5 étamines. *P. minus.* Huds.
Epis pendants; 6 étamines. *P. mite.* Schr.

Digynie. — 2 styles.

11063 | CHRYSOSPLENIUM. Lin. *Saxifragées* . . . 1064

11064 { Feuilles caulinaires alternes . . . . .
. . . . *C. alternifolium.* L.
Feuilles caulinaires opposées . . . . .
. . . . *C. oppositifolium.* L.

Tétragynie. — 4 styles.

1065 | PARIS. Lin. *Asparagées.*
Tige uniflore; feuilles verticillées . . .
. . . . *P. quadrifolia.* L.

1066 | Adoxa. Lin. *Caprifoliacées.*
Fleurs verdâtres, odorantes. . . . . . .
. . . . *A. Moschatellina.* L.

1067 | Elatine. Lin. *Elatinées.* 1068

1068 { Feuilles opposées 1069
Feuilles verticillées . *E. Alsinastrum.* L.

1069 { Trois étamines. . *E. triandra.* Schkuhr.
Six étamines . . . *E. hexandra.* Dec.
Huit étamines . . . *E. Hydropiper.* L.

CLASSE IX.

ENNÉANDRIE.

9 étamines libres dans une fleur hermaphrodite.

Analyse des genres.

1070 { Tige herbacée 1071
Tige ligneuse, droite ; feuilles ovales. . .
. . . . Laurus. 1073
Tige ligneuse, couchée ; feuilles linéaires.
. . . . . . *Empetrum nigrum.* L.

1071 { Feuilles opposées 1072
Feuilles alternes . . . . . *Solanum.*
Feuilles radicales ; hampe nue. Butomus. 1074

1072 { Fleurs jaunes. . . . *Gentiana lutea.* L.
Fleurs bleuâtres. . *Swertia perennis.* L.

Analyse des espèces.

Monogynie. — 1 style.

1073 | Laurus. Lin. *Laurinées.*
Fleurs jaunâtres ; feuilles coriaces . . . .
. . . . *L. nobilis.* L.

Hexagynie. — 6 *styles.*

1074 | BUTOMUS. Lin. *Alismacées.*
Fleurs roses, en ombelle simple . . . . .
. . . . *B umbellatus.* L.

CLASSE X.

DÉCANDRIE.

10 *étamines libres dans une fleur hermaphrodite.*

Analyse des genres.

1075 {
Corolle monopétale 1076
Corolle polypétale 1080
Corolle nulle; une seule enveloppe florale. 1105

1076 {
Feuilles simples 1077
Feuil. composées. *Adoxa Moschatellina.*L.

1077 {
Feuilles alternes 1078
Feuilles opposées . . . . . . *Chlora.*

1078 {
Calice à 5 divisions profondes. 1079
Calice entier ou à 5 dents. . *Vaccinium.*

1079 {
Feuilles ovales; fruit charnu . ARBUTUS. 1116
Feuill. linéaires-lancéolées; fruit sec . .
. . . . ANDROMEDA. 1115

1080 {
Plante munie de feuilles. 1081
Feuilles remplacées par des écailles. . . .
. . . . MONOTROPA. 1109

1081 { Un seul style à 1 ou plusieurs stygmates . 1082
Plusieurs styles distincts ou point de styles
et plusieurs stygmates. 1087

1082 { Fleur régulière. 1083
Fleur irrégulière . . . . DICTAMNUS. 1108

1083 { Feuilles entières ou dentées 1084
Feuilles découpées 1085

1084 { Calice à 5 dents . . . . LEDUM. 1110
Calice à 5 divisions profondes. PYROLA. 1111

1085 { Feuilles 2-3 fois ailées ; fleurs jaunes . .
. . . . Ruta graveolens, L.
Feuilles dont le pétiole n'est point ramifié ;
fleurs jamais jaunes 1086

1086 { 5 étamines fertiles et 5 toujours stériles.
. . . . Erodium.
Étamines toutes fertiles. . . Geranium.

1087 { Tige ligneuse . . . . . . Myricaria.
Tige herbacée 1088

1088 { Feuilles caulinaires alternes . , . . . 1089
Feuilles caulinaires opposées 1092

1089 { Feuilles ternées . . . . . . OXALIS. 1177
Feuilles entières , dentées ou lobées. . . 1090

1090 { Deux styles . . . . . . SAXIFRAGA. 1117
4-5 styles 1091

1091 { Fleurs en cyme ou en corymbe; 5 écailles
hypogynes; feuilles charnues. . SEDUM. 1179
Fleurs solitaires ou en grappes opposées aux
feuilles ; point d'écailles hypogynes . .
. . . . Geranium.

1092 { Un seul ovaire; feuilles non charnues . . 1093
Cinq ovaires; feuilles charnues. SEDUM. 1179

1103 { Pétales entiers . . . . . . SPERGULA. 1167
     { Pétales bifides 1104

1104 { Capsule à 10 valves égales . CERASTIUM. 1171
     { Capsule à 5 valves inégales, ou à 10 valves
     {   réunies par paires . . . MALACHIUM. 1170

———

1105 { Dix styles . . . . . . PHYTOLACCA. 1198
     { Moins de 10 styles 1106

1106 { Fl. jaunes ou jaunâtres. *Chrysosplenium*.
     { Fleurs blanches ou verdâtres 1107

1107 { Périgone à 5 divisions profondes. . . . 532
     { Périgone à 5 dents . . . SCLÉRANTHUS. 1141

Analyse des espèces.

Monogynie. — 1 style.

1108 | DICTAMNUS. Lin. *Rutacées.*
       Fleurs en grappe paniculée. . . . . .
       . . . . *D. Fraxinella.* Pers.

1109 | MONOTROPA. Lin. *Monotropées.*
       Tige multiflore. . *M. Hypopithys.* Lin.

1110 | LEDUM. Lin. *Ericinées.*
       Feuilles linéaires, roulées. *L. palustre.* L.

1111 | PYROLA. Lin. *Pyrolàcées* 1112

1112 { Tige uniflore . . . . *P. uniflora.* L.
     { Tige pluriflore. 1113

1113 { Style droit 1114
     { Style réfléchi . . . *P. rotundifolia.* L.

1114 { Style plus long que la corolle. *P. secunda.* L.
     { Style ne dépassant point la corolle . . . .
     {   . . . . *P. minor.* L.

1115| Andromeda. Lin. *Ericinées.*
   Feuill. linéaires-lancéolées. *A. poliifolia.* L.

1116 | Arbutus. Lin. *Ericinées.*
   Feuilles très-entières.   *A. Uva ursi.* Lin.

Digynie. — 2 *styles.*

1117 | Saxifraga. Lin. *Saxifragées* 1118
   (Feuilles cartilagineuses sur les bords. . .
1118 { . . . . *S. Aizoon.* Jacq.
   (Feuilles non cartilagineuses sur les bords. 1119

1119 { Racine émettant des rejets stolonifères . . 1120
     { Point de rejets stolonifères. 1122

1120 { Cal. libre, à lobes réfléchis. *S. stellaris.* L.
     { Calice adhérent, à lobes dressés 1121

     (Feuilles les unes entières, les autres palma-
     (tifides. . . . . . *S. hypnoides.* L.
1121 { Feuilles toutes palmatifides. . . . . .
     (. . . . . . *S. decipiens.* Ehrh.

     (Racine munie de tubercules . . . . .
1122 { . . . . *S. granulata.* L.
     { Racine dépourvue de tubercules. . . .
     (. . . . . . *S. tridactylites.* L.

1123| Gypsophila. Lin. *Silénées.*
   Fleurs éparses ; calice turbiné. . . . .
        . . . . *G. muralis.* Lin.

1124| Tunica. Scopoli. *Silénées.*
   Tiges diffuses ; calice campanulé. . . . .
        . . . . . . *T. Saxifraga.* Scop.

1125| Dianthus. Lin. *Silénées.* 1126
1126 { Fleurs en tête ou agrégées. 1127
     { Fleurs solitaires ou paniculées 1133
                              10

1127 {
Ecailles calicinales égalant ou dépassant le tube du calice . . . . 112?

Ecailles calicinales plus courtes que le tube du calice 1131

1128 {
Ecail. calicinales hérissées. *D. Armeria*. L.

Ecailles calicinales glabres ou ciliées . . 112?

1129 {
Ecailles calicinales obtuses. *D. prolifer*. L.

Ecailles acuminées ou aristées. 1130

1130 {
2-3 fleurs au plus dans chaque capitule. . . . . *D. Seguierii*. Vill.

Capitules renfermant un grand nombre de fleurs. . . . . . . *D. barbatus*. L.

1131 {
12-30 fleurs dans chaque capitule. . . . . *D. atrorubens*. All.

2-6 fleurs dans chaque capitule 1132

1132 {
Gaîne 4 fois plus longue que le diamètre de la feuille. . . *D. Carthusianorum*. L.

Gaîne ne dépassant point en longueur le diamètre de la feuille. *D. Seguierii*. Vill.

1133 {
Pétales dentés ou échancrés 1134

Pétales laciniés et multifides 1137

1134 {
2 écailles calicinales . . . *D. deltoides*.

Plus de 2 écailles à la base du calice. . . 1135

1135 {
Pétales barbus . . . *D. cæsius*. Smith.

Pétales glabres. 1136

1136 {
Tige cylindrique . . *D. Seguierii*. Vill.

Tige tétragone. . . *D. Caryophyllus*. L.

1137 {
Pétales tout à fait glabres. *D. superbus*. L.

Pétales pubescents à la gorge . . . . *D. plumarius*. L.

1138 | SAPONARIA. Lin. *Silénées* 1139

1139 {
Calice anguleux . . . *S. Vaccaria*. L.

Calice non anguleux 1140

1140 $\begin{cases}$ Tige dressée ; cal. glabre. *S. officinalis.* L.
 Tige couchée ; calice velu. *S. ocymoides.* L. $\end{cases}$

1141 | SCLERANTHUS. Lin. *Sclérantées* 1142

1142 $\begin{cases}$ Sépales obtus, à la fin connivents . . .
 . . . . *S. perennis.* L.
 Sépales aigus, à la fin écartés. . . . .
 . . . . *S. annuus.* L. $\end{cases}$

Tryginie. — 3 *styles.*

1143 | CUCUBALUS. Lin. *Silénées.*
 Fl. d'un blanc verdâtre.   *C. Bacciferus.* L.

1144 | SILENE. Lin. *Silénées* 1145

1145 $\begin{cases}$ Calice glabre 1146
 Calice velu . . . . 1148 $\end{cases}$

1146 $\begin{cases}$ Fleurs blanches 1147
 Fleurs rouges . . . . *S. Armeria.* L. $\end{cases}$

1147 $\begin{cases}$ Calice enflé et veiné   . *S. inflata.* Smith.
 Calice ni enflé ni veiné. *S. rupestris.* Lin. $\end{cases}$

1148 $\begin{cases}$ Pétales entiers 1149
 Pétales dentés, échancrés ou bifides. . . 1150 $\end{cases}$

1149 $\begin{cases}$ Divisions du calice subulées ; fl. en grappes.
 . . . . *S. gallica.* L.
 Divisions du calice obtuses ; fleurs en épi.
 . . . . *S. otites.* Smith. $\end{cases}$

1150 $\begin{cases}$ Calice marqué de 30 nervures. *S. conica.* L.
 Calice marqué de 10 nervures . . . . . 1151 $\end{cases}$

1151 $\begin{cases}$ Fleurs en grappes spiciformes. *S. gallica.* L.
 Fleurs en panicule. . . . . 1152 $\end{cases}$

1152 $\begin{cases}$ Fl. blanches, penchées.   *S. nutans.* Lin.
 Fl. jaunâtres non penchées. *S. noctiflora.* L. $\end{cases}$

1153 | ALSINE. Wahlemb. *Alsinées* 1154

1154 { Feuilles munies de stipules. 1158
     { Point de stipules à la base des feuilles . . 1157

1155 { Fleurs blanches. . . *A. segetalis.* Vill.
     { Fleurs lilas . . . . : 1156

1156 { Feuilles planes des 2 côtés. *A. rubra.* Wahl.
     { Feuilles demi-cylindriques . . . . . .
     { . . . . *A. marina.* M. et K.

1157 { Sépales marqués de 3 nervures . . . .
     { . . . . *A. tenuifolia.* Wahl.
     { Sépales à 1 seule nervure . . . . .
     { . . . . *A. fasciculata.* Jacq.

1158 | MOEHRINGIA. Lin. *Alsinées* 1159

1159 { Feuilles ovales, à 3-5 nervures . . . .
     { . . . . *M. trinervia.* Clair.
     { Feuilles filiformes, sans nervures . . .
     { . . . . *M. muscosa.* L.

1160 | ABENARIA. Lin. *Alsinées.*
     Feuilles ovales, sessiles. *A. serpyllifolia.* L.

1161 | STELLARIA. Lin. *Alsinées* 1161

1161 { Tige cylindrique 1161
bis. { Tige quadrangulaire. 1164

1162 { Capsule à 6 dents ; feuilles linéaires. . .
     { . . . . *S. viscida.*
     { Capsule à 6 valves profondes ; feuil. ovales. 1163

1163 { Feuilles ovales. . . . *S. media.* Vill.
     { Feuilles en cœur . . . *S. nemorum.* L.

1164 { Feuilles glabres 1165
     { Feuilles ciliées à la base 1166

1165 { Bractées herbacées. . . *S. Holostea* L.
     { Bractées scarieuses. . . *S. glauca.* With.

1166 { Bractées ciliées. . . *S. graminea.* Lin.
     { Bractées non ciliées . *S. uliginosa.* Murr.

Tetragynie. — 4 styles.

.167 | SPERGULA. Lin. *Alsinées.* 1168

1168 { Des stipules à la base des feuilles 1169
Stipules nulles. . . . . S. *nodosa.* L.

1169 { Pétales obtus ; graines rugueuses. . . .
. . . . S. *arvensis.* L.
Pétales aigus ; graines lisses . . . . .
. . . . S. *pentandra.* L.

1170 | MALACHIUM. Fries. *Alsinées.*
Feuilles ovales en cœur. *M. aqualicum.* Fr.

1171 | CERASTIUM. Lin. *Alsinées* 1172

117₄ { Sépales obtus 1173
Sépales aigus 1174

1173 { Pétales dépassant à peine le calice . . .
. . . . C. *triviale.* Linck.
Pétales 2-3 fois plus longs que le calice. .
. . . . C. *arvense.* L.

1174 { Sépales barbus 1175
Sépales glabres. 1176

1175 { Filets des étamines glabres . . . . . .
. . . . C. *glomeratum.* Thuil.
Filets des étamines velus . . . . . .
. . . . . C. *brachypetalum.* Desp.

1176 { Bractées entières. . C. *alsinoïdes.* Lois.
Bractées incisées-dentées . . . . . .
. . . . . C. *semidecandrum.* L.

1177 | OXALIS. Lin. *Oxalidées* 1178
1178 { Fleurs jaunes. . . . . O. *stricta.* L.
Fleurs blanches ou roses. O. *Acetosella.* L.

1179	Sedum. Lin. *Crassulacées*	1180

1180 { Feuilles planes 1181
Feuilles cylindriques ou demi-cylindriques. 1184

1181 { Fleurs en corymbe 1182
Fleurs en grappe . . . . . *S. Cepœa.* L.

1182 { Feuilles alternes . . *S. Fabaria.* Koch.
Feuilles opposées ou verticillées 1183

1183 { Feuilles arrondies à la base, non amplexi-
caules. . . . . . *S. Telephium.* L.
Feuilles amplexicaules, en cœur à la base.
. . . . *S. maximum.* Sutlon.

1184 { Fleurs jaunes ou jaunâtres 1185
Fleurs blanches ou purpurines 1190

1185 { Feuilles éparses, disposées sans ordre . . . 1186
Feuilles disposées sur 6 rangs 1189

1186 { Feuilles obtuses 1187
Feuilles cuspidées. 1188

1187 { Pétales aigus, étalés . . *S. annuum.* L.
Pétales obtus, dressés . *S. repens.* Schl.

1188 { Feuill. étalées ou réfléchies. *S. reflexum.* L.
Feuill. dressées-appliquées. *S. elegans.* Lej.

1189 { Feuilles ovales. . . . . . *S. acre.* L.
Feuilles linéaires . . *S. boloniense.* Lois.

1190 { Plante munie de rejets rampants 1191
Point de rejets rampants 1192

1191 { Feuilles opposées. . *S. dasyphyllum.* L.
Feuilles éparses . . . . *S. album.* L.

1192 { Pétales ovales, mucronés. *S. villosum.* L.
Pétal. lancéolés, acuminés. *S. rubens.* Dec.

Décagynie. — 10 *styles*.

CLASSE XI.

DODÉCANDRIE.

2-18 *étamines libres dans une fleur herma-*
phrodite.

1202 { Pétales égaux ; fleurs régulières . . . . 1203 8(
{ Pétales inégaux. . . . . . . RESÉDA. 1214)

1203 { Feuilles entiéres . . . . 1204)(
{ Feuilles découpées . . . . 1206 0(

1204 { Fleurs jaunes . . . . . PORTULACA. 1210 0)
{ Fleurs rouges ou roses . . . . 1205 0(

1205 { Calice à 6-20 dents égales. SEMPERVIVUM. 1217)(
{ Calice à 12 dents inégales. . LYTHRUM. 1211 1)

1206 { Feuilles trifoliées. *Tormentilla erecta.* L.
{ Feuilles pinnatifides. . . . AGRIMONIA. 1213 8)

1207 { Fleurs jaunes . . . . *Chlora.*
{ Fleurs purpurines . . . . LYTHRUM. 121111)

1208 { Un style et un stygmate . . . ASARUM. 1209 0(
{ 3 styles ou 3 stygmates. . . *Euphorbia.*

Analyse des espèces.

Monogynie. — 1 style.

1209 | ASARUM. Lin. *Euphorbiacées.*
     Feuilles réniformes. . *A. Europæum.* L.

1210 | PORTULACA. Lin. *Portulacées.*
     Tiges couchées. . . . *P. oleracea.* L.

1211 | LYTHRUM. Lin. *Lythrariées.* . . . . . 1212)(

1212 { Feuilles opposées. . . *L. Salicaria.* L.
{ Feuilles alternes. . *L. hyssopifolium.* L.

Digynie. — 2 styles.

1213 | AGRIMONIA. Lin. *Rosacées.*
     Calice sillonné. . . *A. Eupatorium.* L.

Trigynie. — 3 styles.

| Reseda. Lin. *Résédacées* 1215
| Feuilles entières ou trilobées 1216
| Feuilles pinnatifides. . . *R. lutea*. Lin.

| Six pétales. . . . . *R. Phyteuma*. L.
| 3-4 pétales. . . . . . *R. luteola*. L.

Dodécagynie. — 12 styles.

| Sempervivum. Lin. *Crassulacées.*
Fleurs roses. . . . . *S. Tectorum*. L.

———

CLASSE XII.

ICOSANDRIE.

.00 *étamines libres, insérées sur le calice.*

Analyse des genres.

| Feuill. simples, entières, dentées ou lobées. 1219
| Feuilles ternées, digitées ou ailées . . . 1234

| Feuilles alternes 1220
| Feuilles opposées . . . Philadelphus. 1244

| Un seul style 1221
| Plusieurs styles 1223

| Fleurs sessiles ou presque sessiles. . . . 1222
| Fleurs pédonculées. . . . . Prunus. 1247

10.

1222 { Fleurs blanches à peine rosées . . . .
. . . . ARMENIACA. 1240
Fleurs rouges ou roses . . . . PERSICA. 1246

1223 { Un seul ovaire. 1224
Plusieurs ovaires . . . . . . SPIRÆA. 1269

1224 { Feuilles entières ou dentées 1225
Feuilles lobées. 1232

1225 { Pétales lancéolés, étroits . . ARONIA. 1262
Pétales ovales, arrondis. 1226

1226 { Fleurs solitaires 1231
Fleurs en corymbe ou en ombelle . . . 1227

1227 { Fleurs blanches; pétales étalés 1228
Fleurs roses; pétales dressés . . SORBUS. 1263

1228 { Feuilles très-entières. . . COTONEASTER. 1257
Feuilles dentées ou échancrées 1229

1229 { Styles soudés à la base. *Pyrus Malus.* L.
Styles distincts. 1230

1230 { Feuilles glabres. . . . . . . PYRUS. 1258
Feuilles tomenteuses en dessous . SORBUS. 1263

1231 { Feuilles entières . . . . . CYDONIA. 1261
Feuilles dentées . . . . . MESPILUS. 1256

1232 { Un seul style. *Cratœgus monogyna.* Jacq.
2-5 styles. 1233

1233 { Tige épineuse . . . . . . CRATÆGUS. 1254
Tige non épineuse . . . . . SORBUS. 1263

1234 { Calice ovoïde ou globuleux, resserré au
    sommet et renfermant les ovaires. . .
. . . . ROSA. 1273
Calice de 5 folioles étalées; ovaires non
    renfermés dans la substance du calice. 1235

35 { Calice à 8 ou 10 dents 1236
{ Calice à 5 divisions 1241

36 { Une seule enveloppe florale; fleurs her-
{   bacées. . . . . *Alchemilla.*
{ Un calice et une corolle distincts; fleurs
{   non herbacées 1237

37 { Quatre pétales . . . . TORMENTILLA. 1325
{ Cinq pétales 1238

38 { Graines terminées par une longue arête.
{ . . . . GEUM. 1302
{ Graines nues 1239

39 { Fleurs blanches 1240
{ Fleurs jaunes . . . . . POTENTILLA. 1309
{ Fleurs pourpres . . . . . COMARUM. 1308

240 { Réceptacle s'allongeant après la fleuraison
{   et devenant charnu . . . FRAGARIA. 1304
{ Réceptacle ne s'allongeant point et ne deve-
{   nant point charnu . . . POTENTILLA. 1309

241 { Tige ligneuse ou frutescente 1242
{ Tige herbacée 1243

242 { 3-5 folioles à chaque feuille. . . RUBUS. 1284
{ Plus de 5 folioles à chaque feuille. SORBUS. 1263

243 { Feuilles ailées. . . . . . . SPIRÆA. 1269
{ Feuilles ternées . . *Rubus saxatilis.* L.

Analyse des espèces.

Monogynie. — 1 *style.*

244 | PHILADELPHUS. Lin. *Philadelphées.*
    Fleurs blanches. . . *P. coronarius.* L.

1245 | PERSICA. Tournef. *Amygdalées.*
Feuilles lancéolées. . *P. vulgaris.* Mill.

1246 | ARMENIACA. Tournef. *Amygdalées.*
Fleurs blanches, sessiles. *A. vulgaris.* Lam.

1247 | PRUNUS. Lin. *Amygdalées* 1248

1248 { Fleurs solitaires, géminées ou fasciculées. 1249
Fleurs en grappes. 1253

1249 { Fleurs se développant avant les feuilles . 1250
Fleurs naissant avec ou après les feuilles. 1252

1250 { Pédoncules glabres. . . *P. spinosa.* L.
Pédoncules pubescents 1251

1251 { Rameaux glabres. . . *P. domestica.* L.
Rameaux pubescents . . *P. insititia.* L.

1252 { Feuilles velues en dessous. *P. avium.* L.
Feuilles glabres. . . . . *P. Cerasus.* L.

1253 { Fleurs en longues grappes penchées.
. . . . *P. Padus.* L.
Fleurs en corymbes courts, dressés . . .
. . . . *P. Mahaleb.* L.

Di-pentagynie. — *2-5 styles.*

1254 | CRATÆGUS. Lin. *Pomacées.* 1255

1255 { Pédoncules glabres. . *C. oxyacantha.* L.
Pédoncules pubescents. *C. monogyna.* Jacq.

1256 | MESPILUS. Lin. *Pomacées.*
Fleurs solitaires. . . *M. germanica.* L.

1257 | COTONEASTER. Medikus. *Pomacées.*
Feuilles aiguës. . . *C. vulgaris.* Lindl.

1258 | PYRUS. Lin. *Pomacées* 1259

1259 { Styles libres. 1260
       Styles soudés à la base . . . *P. Malus*. L.

1260 { Corymbes simples. . . *P. communis*. L.
       Corymb. composés. *P. Bollwylleriana*. Dec.

261 | CYDONIA. Tournef. *Pomacées*.
     Feuilles ovales. . . . *C. vulgaris*. Pers.

262 | ARONIA. Pers. *Pomacées*.
     Fleurs blanches. . *A. rotundifolia*. Pers.

263 | SORBUS. Lin. *Pomacées* 1264

264 { Feuilles simples 1265
       Feuilles pinnées 1268

265 { Fleurs blanches; pétales étalés 1266
       Pét. roses, dressés. *S. Chamœmespilus*. Cr.

266 { Feuilles glabres. . *S. torminalis*. Crantz.
       Feuilles tomenteuses en dessous 1267

267 { Feuilles lobées. . . . . *S. latifolia*.
       Feuilles dentées ou à peine lobées vers le
       sommet. . . . . . *S. Aria*. Crantz.

268 { Bourgeons glabres. . . *S. domestica*. L.
       Bourgeons pubescents. *S. aucuparia*. L.

269 | SPIRÆA. Lin. *Rosacées* 1270

270 { Feuilles munies de stipules. 1271
       Feuilles dépourvues de stipules 1272

271 { Folioles entières ou dentées. *S. Ulmaria*. L.
       Folioles incisées. . . *S. Filipendula*. L.

272 { Feuilles simples. . . *S. salicifolia*. L.
       Feuilles décomposées . . *S. Aruncus*. L.

Polygynie. — Styles nombreux.

1273 | Rosa. Lin. *Rosacées* 1274

1274 { Stipules étroites, toutes conformes 1275
     { Stipules les unes étroites, les autres élargies. 1277

1275 { Fleurs blanches 1276
     { Fleurs roses ou rouges . . *R. gallica.* L.

1276 { Lanières du calice entières . . . .
     { . . . . *R. pimpinellifolia.* Dec.
     { Lanières du calice pinnatifidés . . . .
     { . . . . *R. arvensis.* Huds.

1277 { Fleurs solitaires. . . . . *R. alpina.* L.
     { Fleurs en corymbes terminaux 1278

1278 { Ovaires du centre portés sur des pédicelles
     {   égalant la longueur de l'ovaire. . . . 1279
     { Ovaires du centre portés sur des pédicelles
     {   de moitié plus courts que l'ovaire. . . 1282

1279 { Aiguillons courbés 1280
     { Aiguillons droits 1281

1280 { Aiguillons des tiges très-inégaux . . . .
     { . . . . *R. rubiginasa.* L.
     { Aiguillons des tiges égaux. *R. canina.* L.

1281 { Lanières du calice caduques; fruit mûr
     {   dressé. . . . *R. tomentosa.* Smith.
     { Lanières du calice persistantes; fruit mûr
     {   penché . . . . *R. pomifera.* Herrm.

1282 { Aiguillons des tiges courbés en faux. . . 1283
     { Aig. des tiges droits. *R. cinnamomea.* L.

1283 { Oreillettes divergentes. *R. rubrifolia.* Vill.
     { Oreillettes dressées. . *R. turbinata.* Ait.

1298 { Tige glabre. . . *R. tomentosus.* Borkh.
       { Tige velue . . . *R. discolor.* W. et N.

1299 { Tige glabre 1301
       { Tige velue 1300

1300 { Aiguillons tous droits . . . .
       { . . . . *R. sylvaticus.* W. et N.
       { Aiguillons droits, courbés et crochus en-
       {   tremêlés. . . . *R. vulgaris* W. et N.

1301 { Fl. en grappe raide, presque en thyrse; ram.
       {   fleuris dressés. *R. thyrsoideus.* W. et N.
       { Fleurs en grappe lâche; rameaux fleuris
       {   étalés. . . . . . . *R. fruticosus.* L.

1302 | GEUM. Lin. *Rosacées* 1303

1303 { Fleurs jaunes, dressées. *G. urbanum.* L.
       { Fleurs veinées de rouge, penchées . . .
       { . . . . *G. rivale.* L.

1304 | FRAGARIA. Lin. *Rosacées* 1305

1305 { Sépales étalés ou réfléchis à la maturité . 1306
       { Sépales appliqués sur le fruit 1307

1306 { Folioles latérales sessiles. . *F. vesca.* L.
       { Folioles latérales pétiolulées . . . . .
       { . . . . *F. elatior.* Erhr.

1307 { Pubescence des pétioles étalée, celle des
       {   pédoncules appliquée. *F. collina.* Ehrh.
       { Pubescence des pétioles et des pédoncules
       {   dressée. . . . *F. grandiflora.* Ehrh.

1308 | COMARUM. Lin. *Rosacées.*
       Fleurs purpurines . . . *C. palustre.* L.

1309 | POTENTILLA. Lin. *Rosacées.* 1310

1310 { Fleurs jaunes 1311
       { Fleurs blanches . . . . 1324 *bis.*

1311 { Feuilles pinnatifides 1312
       { Feuilles palmées ou digitées 1314

1312 { Tige ligneuse . . . . . P. *fruticósü*. L.

Tige herbácée 1313

1313 {
Feuilles soyeuses argentées en dessous ; stipules incisées. . . . P. *anserina*. L.
Feuilles non soyeuses en dessous ; stipules entières . . . . P. *supína*. L.

1314 {
Dents des folioles atteignant le milieu de leur largeur. 1315
Dents des folioles n'atteignant pas le quart de leur largeur 1317

1315 {
Stipules entières 1316
Stipules découpées . . . P. *recta*. L.

1316 {
Feuilles blanches et cotonneuses en dessous.
. . . . P. *argentea*. L.
Feuilles vertes , glabres ou peu velues . .
. . . . P. *opaca*. L.

1317 {
Feuilles bordées de poils soyeux . . .
. . . . P. *aurea*. L.
Feuilles non bordées de poils soyeux . . 1318

1318 {
Tige rampante. . . . . P. *reptans*. L.
Tige droite, ascendante ou gazonnante. . 1319

1319 {
Tige droite ou ascend. P. *inclinata*. Vill.
Tiges disposées en touffes basses et serrées. 1320

1320 {
Pétales plus longs que le calice 1321
Pétales de la longueur du calice . . . .
. . . . . . P. *inclinata*. Vill.

1321 {
Stipules munies d'oreillettes ovales . . . 1322
Stipules munies d'oreillettes linéaires . . 1323

1322 {
Feuilles glabres ou à peine pubescentes. .
. . . . . P. *salisburgensis*. Hænck.
Feuilles légèrement tomenteuses en dessous.
. . . . P. *Güntheri*. Pohl.

1323 { Feuilles radicales formant un gazon serré.
. . . . *P. Güntheri.* Pohl.
Feuilles radicales ne formant point gazon. 1324

1324 { Lobes du calice pointus. . *P. verna.* L.
Lobes du calice obtus . . *P. cinerea.* L.

1324 bis. { Feuilles ailées . . . . *P. rupestris.* L.
Feuilles digitées . . . . *P. alba.* L.
Feuilles ternées . . . . 1324 *te*

1324 ter. { Pétales entiers. . . . *P. micratha.* Dec.
Pétal. échancrés. *P. Fragariastrum.* Ehrb.

1325 | TORMENTILLA. Lin. *Rosacées.*
Feuilles ternées. . . . . *T. erecta.* L.

CLASSE XIII.

POLYANDRIE.

Étamines nombreuses insérées sur le réceptacle.

Analyse des genres.

1326 {
Feuilles alternes ou radicales 1327
Feuilles opposées; fleurs munies d'un cal.
et d'une corolle . . HELIANTHEMUM. 1361
Feuilles opposées; une seule enveloppe flo-
rale. . . . . CLEMATIS. 1417

1327 { Tige ligneuse . . . . . . TILIA. 1357
Tige herbacée 1328

1328 { Un seul ovaire 1329
Plusieurs ovaires 1334

1329 { Plante aquatique 1330
Plante terrestre 1331

1 Le genre ACTÆA (voy. le n° 1333) fait aussi partie de cette famille.

1343 { Sépales prolongés au-dessous de leur insertion . . . . MYOSURUS. 1403
Sépales non prolongés à leur base 1344

1344 { Un involucre placé sous la fleur 1345
Point d'involucre sous la fl. HELLEBORUS. 1373

1345 { Fleur jaune . . . . ERANTHIS. 1375
Fleurs jamais jaunes . . . . NIGELLA. 1371

1346 { 4 sépales; étam. saillantes. . THALICTRUM. 1412
5-6 sépales; étamines incluses. 1347

1347 { Un involucre foliacé placé à quelque distance au-dessous de la fleur. ANEMONE. 1404
Point d'involucre sous la fleur. CALTHA. 1376

1348 { Fleur terminée supérieurement en forme
de casque. . . . . ACONITUM. 1367
Fleur terminée supérieurement par un
éperon. . . . . DELPHINIUM. 1366

Analyse des espèces.

Monogynie. — 1 style.

1349 | CHELIDONIUM. Lin. *Papavéracées.*
Fleurs en ombelles.. . . . . *C. majus.* L.

1350 | PAPAVER. Lin. *Papavéracées* 1351

1351 { Feuilles caulinaires amplexicaules . . .
. . . . *P. Somniferum.* L.
Feuilles caulinaires non embrassantes . . 1352

1352 { Capsule glabre 1353
Capsule hispide 1355

1353 { Filets des étamines dilatés au sommet . .
. . . . *P. Argemone.* L.
Filets des étamines subulés. 1354

1354 { Capsule arrondie à la base. *P. Rhœas.* L.
     { Capsule atténuée à la base. *P. dubium.* L.

1355 { Capsule hérissée de soies droites . . . .
     { . . . . *P. Argemone* L.
     { Capsule hérissée de soies arquées. . . . .
     { . . . . *P. hybridum.* L.

1356 | ACTÆA. Lin. *Renonculacées.*
     Fleurs blanches. . . . *A. spicata.* L.

1357 | TILIA. Lin. *Tiliacées.* 1358

1358 { Feuilles glabres 1359
     { Feuilles velues en dessous. 1360

1359 { Feuilles glauques en dessous . . . . .
     { . . . . *T. sylvestris.* Desf.
     { Feuilles vertes en dessous . . . . .
     { . . . . *T. intermedia.* Dec.

1360 { Pédoncules 1-2 flores. . *T. rubra.* Dec.
     { 3-7 fleurs sur chaque pédoncule . . . .
     { . . . . . . *T. platyphylla.* Scop.

1361 | HELIANTHEMUM. Tournef. *Cistinées* . . . 1362

1362 { Feuilles supérieures munies de stipules . .
     { . . . . *H. guttatum.* Mill.
     { Feuilles toutes dépourvues de stipules . . 1363

1363 { Fleurs en grappe . *H. vulgare.* Gœrtn.
     { Fleurs solitaires. . *H. Fumana.* Miller.

1364 | NYMPHÆA. Lin. *Nymphœacées.*
     Stygmate à 12-20 rayons. . *N. alba,* L.

1365 | NUPHAR. Smith. *Nymphœacées.*
     Stygmate à 8 rayons. . . *N. lutea.* Sm.

        Di-polygynie. — 2 ou *plusieurs styles.*

1366 | DELPHINIUM. Lin. *Renonculacées.*
     Pétales soudés. . . . *D. Consolida.* L.

1367 | ACONITUM. Lin. *Renonculacées*   136

1368 { Fleurs bleues. . . . . *A. Napellus.* L.
{ Fleurs jaunes. . . . *A. Lycoctonum.* L.

1369 | FICARIA. Haller. *Renonculacées*.
Feuilles arrondies, en cœur . . . . . .
. . . . *F. ranunculoïdes.* Roth.

1370 | AQUILEGIA. Lin. *Renonculacées*.
Fleurs bleues. . . . . *A. vulgaris.* L.

1371 | NIGELLA. Lin. *Renonculacées*.
Capsules lisses. . . . . *N. arvensis.* L.

1372 | TROLLIUS. Lin. *Renonculacées*.
Fleur globuleuse. . . . *T. europæus.*

1373 | HELLEBORUS. Lin. *Renonculacées*. . . .   1374

1374 { Des bractées sous les rameaux et les pédon-
{ cules . . . . *H. fœditus.* L.
{ Bractées nulles . . . . *H. viridis.* L.

1375 | ERANTHIS. Salisb. *Renonculacées*.
Involucre monophylle. *E. hyemalis.* Salisb.

1376 | CALTHA. Lin. *Renonculacées*.
Feuilles-orbiculaires, en cœur. . . . .
. . . . *C. palustris.* L.

1377 | ADONIS. L. *Renonculacées*   1378

1378 { Calice glabre   1379
{ Calice hérissé   1380

1379 { Pétales dressés. . . *A. autumnalis.* L.
{ Pétales étalés . . . *A. æstivalis.* L.

1380 { Feuilles radicales squammiformes . . . .
{ . . . . *A. vernalis.* L.
{ Feuilles radicales non squammiformes. .
{ . . . . *A. flammea.* Jacq.

1381 | RANUNCULUS. Lin. *Renonculacées* . . . 1382

1382 {
Fleurs blanches . . . . . . ' . . 1383
Fleurs jaunes 1389
}

1383 {
Carpelles glabres 1384
Carpelles hérissés 1388
}

1384 {
Gaîne des feuilles glabre 1385
Gaîne velue ou ciliée. . *R. aquatilis*. L.
}

1385 {
Feuilles toutes réniformes-lobées. . . .
. . . . *R. hederaceus*. L.
Feuilles toutes ou la plupart divisées en la-
niéres linéaires 1386
}

1386 {
Gaîne munie d'oreillettes. 1387
Gaîne non auriculée. *R. Baudotii*. Godron.
}

1387 {
Tige sillonnée. . . *R. cœspitosus*. Thuil.
Tige non sillonnée. . *R. fluitans*. Lam.
}

1388 {
Feuilles ou divisions des feuilles planes. .
. . . . *R. aquatilis*. L.
Feuilles divisées en laniéres sétacées . .
. . . . . *R. divaricatus*. Schr.
}

1389 {
Feuilles simples, entières ou dentées . . 1390
Feuilles lobées, plus ou moins découpées. 1391
}

1390 {
Carpelles comprimés; tige glabre. . . .
. . . . *R. Flammula* L.
Carpelles renflés; tige velue. *R. Lingua*. L.
}

1391 {
Pédoncules opposés aux feuilles 1392
Pédoncules axillaires. 1393
}

1392 {
Sépales étalés; carpelles hérissés de pointes.
. . . . *R. arvensis*. L.
Sépales réfléchis; carpelles non hérissés.
. . . . *R. sceleratus*. L.
}

1393 {
Plante glabre ou presque glabre 1394
Plante velue ou hérissée 1396
}

1394 { Racine bulbifère. . . . *R. bulbosus*. L.
{ Tige non renflée au-dessus du collet . . 139.

1395 { Feuilles caulinaires sessiles . . . . .
{ . . . . *R. auricomus*. L.
{ Feuilles toutes pétiolées. . *R. repens*. L.

1396 { Sépales étalés . . . . 139.
{ Sépales réfléchis . . . . 140.

1397 { Pédoncules sillonnés; réceptacle velu . . 139.
{ Pédoncules non sillonnés; récept. glabre. 140(

1398 { Racine stolonifère. . . . *R. repens*. L.
{ Point de stolons naissant de la racine . . 139.

1399 { Graines terminées par un bec à peine re-
{ courbé. . . . . *R. polyanthemos*. L.
{ Graines terminées par un bec crochu et
{ roulé. . . . . *R. nemorosus*. Dec.

1400 { Tige pleine. . . . *R. lanuginosus*. L.
{ Tige fistuleuse. 1401

1401 { Filets des étamines glabres. . *R. acris*. L.
{ Filets des étamines velus. *R. tuberosus*. Lap.

1402 { Racine bulbifère. . . . *R. bulbosus*. L.
{ Racine non bulbifère. *R. philotonis*. Ehrh.

1403 | MYOSURUS. Dill. *Renonculacées*. L.
Réceptacle grêle, spiciforme . . . . .
. . . . *M. minimus*. L.

1404 | ANEMONE. Lin. *Renonculacées* . . . . 140.

1405 { Tige portant une ou deux fleurs seulement. 140(
{ Tige pluriflore. . . *A. narcissiflora*. L.

1406 { Segments des feuilles capillaires . . . .
{ . . . . *A. Pulsatilla*. E.
{ Segments des feuilles lancéolés ou ovales. 1407

1407 { Plante glabre ou à peine velue 1408
{ Plante hérissée. 1409

1408 { Fleurs blanches, solitaires. *A. nemorosa*. L.
{ Fleurs jaunes, souvent géminées. . . .
{ . . . . *A. ranunculoides*. L.

1409 { Feuilles toutes semblables , les caulinaires
{ pétiolées 1410
{ Feuilles de 2 sortes, les caulinaires sessiles.
{ . . . . *A. vernalis*. L.

1410 { 5 sépales; carpelles nus. *A. sylvestris*. L.
{ 6 sépales; carpelles aristés. *A. alpina*. L.

1411 | HEPATICA. Dec. *Renonculacées*.
Feuilles trilobées , très-entières . . . .
. . . . *H. triloba*. Dec.

1412 | THALICTRUM. Lin. *Renonculacées* . . . 1413
1413 { Folioles étroites, linéaires 1414
{ Folioles ovales, élargies. 1415

1414 { Panicule lâche; fleurs dressées . . . .
{ . . . . *T. angustifolium*. L.
{ Panicule serrée ; fleurs penchées. . . .
{ . . . . . . *T. gallioides*. Nestler.

1415 { Fleurs penchées ; tige dépassant rarement
{ 4 décimètres. . . . *T. minus*. L.
{ Fl. dressées ; tige dépassant 5 décimètres. 1415

1416 { Des stipelles à toutes les ramifications du
{ pétiole . . . . *T. aquilegifolium*. L.
{ Ramifications supérieures du pétiole dé-
{ pourvues de stipelles. . *T. flavum*. L.

1417 | CLEMATIS, Lin. *Renonculacées*.
Tige sarmenteuse. . . . *C. Vitalba*. L.

CLASSE XIV.

DIDYNAMIE.

4 étamines libres dont 2 grandes et 2 courtes

Analyse des genres.

1418 { Fruit ayant l'apparence de 4 graines nues
　　　　au fond du calice . . . . 141!
　　　 Fruit capsulaire . . . . 144?

1419 | Labiées. { Deux étamines fertiles. . . . 142(
　　　　　　　　 Quatre étamines fertiles . . . . 142?

1420 { Corolle en tube, à 4-5 lobes presque égaux.
　　　　. . . . . *Lycopus.*
　　　 Corolle à 2 lèvres bien distinctes. . . . 142?

1421 { Feuilles linéaires, roulées sur les bords. .
　　　　. . . . . *Rosmarinus.*
　　　 Feuilles ovales ou lancéolées, non roulées.
　　　　. . . . . *Salvia.*

1422 { Corolle à 2 lèvres bien distinctes. . . . 142?
　　　 Corolle à lèvre supérieure presque nulle . 144!
　　　 Corolle à lobes presque égaux, non labiéc. 144(

1423 { Fleurs jaunes . . . . 142?
　　　 Fleurs jamais jaunes. . . . . 142?

1423 bis. { Calice à 2 lèvres.　*Prunella alba. Pallas.*
　　　　　 Calice à 5 dents égales, épineuses. . . . 144!
　　　　　 Calice à 5 dents égales, non épineuses . .
　　　　　. . . . . Galeobdolon. 148?

1424 { Etamines inclinées sur la lèvre inférieure
　　　　de la corolle. . . . . . Ocymum. 126!
　　　 Etamines droites ou déjetées vers la lèvre
　　　　supérieure ou cachées dans le tube . . 142?

1425 { Calice à 2 lèvres 1426
       Calice dont les dents ne sont point séparées
           en 2 lèvres 1432

1426 { Calice ouvert après la floraison 1427
       Calice fermé ou garni de poils après la flo-
           raison 1430

1427 { Fleurs solitaires ou géminées 1428
       Fleurs en verticilles, en tête ou en épis. . 1429

1428 { Lèvre supérieure de la corolle voûtée; fruits
           glabres . . . . MELISSA. 1514
       Lèvre supérieure de la corolle plane ; fruits
           velus. . . . . MELITTIS. 1502

1429 { Fleurs en verticilles denses ou en tête . .
           . . . . CLINOPODIUM. 1520
       Fleurs en épis grêles, interrompus . . .
           . . . . LAVENDULA. 1470
       Fleurs en épis lâches, mêlés de bractées.
           . . . . ORIGANUM. 1522

1430 { Tube du calice portant une écaille . . .
           . . . . SCUTELLARIA. 1503
       Point d'écaille sur le tube du calice . . . 1431

1431 { Etamines rapprochées sous la lèvre supé-
           rieure; fleurs en épis serrés. PRUNELLA. 1472
       Etamines écartées ; fleurs en verticilles in-
           terrompus . . . . THYMUS. 1515

1432 { Calice chargé de 10 stries 1433
       Calice non strié 1436

1433 { Calice nu après la floraison. 1434
       Calice fermé de poils après la floraison. . .
           . . . . SATUREIA. 1521

1434 { Fleurs solitaires ou géminées. GLECOMA. 1501
       Fleurs en verticilles serrés 1435

1435 { Lèvre supérieure de la corolle crénelée. .
       . . . . BALLOTA.   149:
       Lèvre supér. de la cor. bifide. MARRUBIUM.   1471

1436 { Ovaire poilu. . . . . . LEONURUS.   149:
       Ovaire glabre 143:

1437 { Calice fermé de poils après la floraison . .   143:
       Calice nu.   1440

1438 { Dents du calice épineuses. . . STACHYS.   1485
       Dents du calice non épineuses.   1439

1439 { Fleurs en verticilles axillaires. MENTHA. 1507
       Fleurs en épis serrés embriqués de bractées.
       . . . . ORIGANUM.   1522

1440 { Dents du calice épineuses   1441
       Dents du calice non épineuses.   1442

1441 { Lèvre inférieure de la corolle à 3 lobes,
         munie à la base de 2 dents creuses, co-
         niques. . . . . GALEOPSIS.   1466
       Point de dents coniques à la base de la lèvre
         inférieure de la corolle. . . STACHYS.   1485

1442 { Feuilles entières. . . . . HYSSOPUS.   1513
       Feuilles dentées   1443

1443 { Bords de la gorge de la corolle rejetés en
         bas. . . . . NEPETA.   1500
       Bords de la gorge de la corolle droits ou
         étalés   1444

1444 { Tube de la corolle cylindrique, non renflé
         au sommet. . . . . . BETONICA.   1506
       Tube de la corolle plus ou moins dilaté au
         sommet. . . . . LAMIUM.   1479

1445 { Lèvre supérieure nulle . . TEUCRIUM.   1495
       Lèvre supérieure formée par 2 petites dents.
       . . . . AJUGA.   1475

1446 { Corolle à 5 lobes. . . . . . SATUREIA; 1521
Corolles à 4 lobes . . . . . . MENTHA. 1507

———

1447 { Feuilles nulles, alternes ou radicales . . 1448
Feuilles opposées ou verticillées 1458

1448 { Feuilles nulles, remplacées par des écailles. 1449
Des feuilles sur la tige ou au collet 1450

1449 { Corolle recourbée supérieurem. en casque.
. . . . LATHRÆA. 1524
Corolle dont la lèvre supérieure n'est point
recourbée en casque. . . OROBANCHE. 1525

1450 { Hampe nue. . . . . . . LIMOSELLA; 1557
Tige feuillée 1451

1451 { Fleurs en tête serrée. . . *Globularia.*
Fleurs non réunies en tête serrée. . . . 1452

1452 { Feuilles simples, entières ou dentées . . 1453
Feuilles pinnatifides. . . PEDICULARIS. 1541

1453 { Corolle gibbeuse ou éperonnée à la base. 1454
Corolle ni gibbeuse ni éperonnée. . . . 1455

1454 { Corolle gibbeuse; capsule s'ouvrant au
sommet en 3 trous. . . ANTIRRHINUM. 1562
Corolle éperonnée; capsule s'ouvrant en
2 valves. . . . . LINARIA. 1564

1455 { Feuilles orbiculaires. . . . *Sibthorpia.*
Feuilles ovales ou lancéolées 1456

1456 { Corolle campanulée . . . . DIGITALIS. 1573
Corolle non campanulée. 1457

1457 { Calice à 4 lobes. . . . . . EUPHRASIA; 1549
Calice à 5 lobes. . . . . . . ERINUS. 1579

Analyse des espèces.

Gymnospermie. — Graines nues.

† 1469 | Ocymum. Lin. *Labiées.*
  Feuilles ovales. . . . *O. Basilicum.* L.

† 1470 | Lavendula. Lin. *Labiées.*
  Feuilles linéaires, entières. *L. vera.* Dec.

† 1471 | Marrubium. Lin. *Labiées.*
  Dents du calice crochues au sommet. . .
  . . . . *M. vulgare.* L.

1472 | Prunella. Lin. *Labiées.* 1473

1473 { Fleurs jaunes. . . . . *P. alba.* Pallas.
  Fleurs purpurines ou blanches. 1474

1474 { Lèvre supérieure du calice à 3 dents courtes,
  mucronées. . . . . *P. vulgaris.* L.
  Lèvre supérieure du calice à 3 lobes aristés.
  . . . . . . *P. grandiflora.* Jacq.

1475 | Ajuga. Lin. *Labiées* 1476

1476 { Fleurs solitaires 1477
  Fl. verticillées. *A. Chamœpythys.* Schreb.

1477 { Bractées entières. . . . *A. reptans.* L.
  Bractées dentées ou lobées. 1478

1478 { Bractées supérieures plus courtes que les
  verticilles. . . . *A. genevensis.* Dec.
  Bractées supérieures plus longues que les
  verticilles. . . . *A. pyramidalis.* L.

1479 | Lamium, Lin. *Labiées* 1480

1480 { Tube de la corolle droit. 1481
  Tube de la corolle courbé 1483

1481 { Feuilles supérieures sessiles, embrassantes.
  . . . . . . *L. amplexicaule.* L.
  Feuilles toutes pétiolées. 1482

1482 { Tube de la corolle muni d'un anneau de
  poils. . . . . *L. purpureum.* L.
  Tube de la corolle dépourvu d'un anneau
  de poils. . . . . *L. incisum.* Willd.

1483 {
Fleurs blanches ; tube de la corolle égalant le calice ; feuilles non tachées en dessus.
. . . . *L. album.* L.
Fleurs purpurines ; tube de la corolle dépassant le calice ; feuilles tachées. . .
. . . . . . *L. maculatum.* L.
}

1484 | **GALEOBDOLON.** Hudson. *Labiées.*
Fleurs jaunes. . . . *G. luteum.* Huds.

1485 | **STACHYS.** Lin. *Labiées* 1486

1486 {
Fleurs jaunâtres 1491
Fleurs purpurines ou blanches 1487
}

1487 {
Feuilles sessiles. . . . *S. palustris.* L.
Feuilles pétiolées 1488
}

1488 {
Tige et feuilles blanches-laineuses . . .
. . . . *S. germanica.* L.
Plante velue, mais point laineuse . . . 1489
}

1489 {
Feuilles en cœur . . . . *S. alpina.* L.
Feuilles ovales. 1490
}

1490 {
Fleurs pourpres ; tige haute d'un mètre environ. . . . . *S. sylvatica.* L.
Fleurs rosées ; tige de 2-3 décimètres. . .
. . . . *S. arvensis.* L.
}

1491 {
Plante annuelle ; 4-6 fleurs à chaque verticille. . . . . *S. annua.* L.
Plante vivace ; 6-12 fleurs à chaque verticille. . . . . . . *S. recta.* L.
}

1492 | **BALLOTA.** Lin. *Labiées.*
Feuilles ovales. . . . . *B. nigra.* L.

1493 | **LEONURUS.** Lin. *Labiées.* 1494

1494 {
Tube de la corolle muni en dedans d'un anneau de poils. . . *L. Cardiaca.* L.
Tube de la corolle dépourvu d'anneau de poils. . . . *L. Marrubiastrum.* L.
}

11495 | Teucrium. Lin. *Labiées.* 1496

11496 { Feuilles incisées, bi-pinnatifides . . . .
. . . . *T. Botrys.* L.
Feuilles entières, dentées ou crénelées. . 1497

11497 { Feuilles très-entières. . *T. montanum.* L.
Feuilles dentées ou crénelées 1498

11498 { Feuilles sessiles. . . . *T. Scordium.* L.
Feuilles pétiolées 1499

11499 { Feuill. en cœur à la base. *T. Scorodonia.* L.
Feuill. atten. à la base. *T. Chamædrys.* L.

11500 | Nepeta. Lin. *Labiées.*
Feuilles pétiolées. . . . *N. Cataria.* L.

11501 | Glecoma. Lin. *Labiées.*
Feuilles réniformes. . *G. hederacea.* L.

11502 | Melittis. Lin. *Labiées.*
Feuilles en cœur. *M. Melissophyllum.* L.

11503 | Scutellaria. Lin. *Labiées.* 1504

1504 { Calice glabre . . . *S. Galericulata.* L.
Calice velu 1505

1505 { Tube de la corolle droit. . *S. minor.* L.
Tube de la corolle courbé. *S. hastifolia.*

1506 | Betonica. Lin. *Labiées.*
Feuilles ovales en cœur. *B. officinalis.* L.

1507 | Mentha. Lin. *Labiées* 1508

1508 { Fleurs en épis terminaux 1509
Fl. en capit. terminaux. *M. aquatica.* L.
Verticilles écartés, entremêlés de feuilles. 1510

1509 { Bractées lancéolées ; calice non contracté
à la gorge. . . . *M. rotundifolia.* L.
Bractées linéaires subulées ; calice contracté à la gorge. . . . *M. sylvestris.* L.

1510 { Calice nu à la gorge 1511
Calice fermé de poils à la gorge . . . . .
. . . . *M. Pulegium.* L.

1511 { Feuilles sessiles. . . *M. pratensis.* Sol.
Feuilles pétiolées 1512

1512 { Calice en cloche, à dents aussi larges que
longues. . . . . . *M. arvensis.* L.
Calice tubuleux, à dents plus longues que
larges. . . . . *M. sativa.* L.

1513 | Hyssopus. Lin. *Labiées.*
Feuilles linéaires-lancéolées . . . . . .
. . . . *H. officinalis.* L.

1514 | Melissa. Lin. *Labiées.*
Bractées et feuill. ovales. *M. officinalis.* L.

1515 | Thymus. Lin. *Labiées* 1516

1516 { Feuilles entières . . . *T. Serpillum.* L.
Feuilles dentées ou crénelées 1517

1517 { Pédoncules uniflores ; verticilles de 6 fleurs. 1518
Pédoncules rameux, pluriflores 1519

1518 { Dents du calice dressées-étalées ; tiges cou-
chées. . . . . *T. alpina.* L.
Dents du cal. fermant le tube ; tige dressée.
. . . . *T. Acynos.* L.

1519 { 3-5 fleurs sur chaque pédoncule . . . . .
. . . . *T. Calamintha.* Dec.
12-15 fleurs sur chaque pédoncule . . .
. . . . *T. Nepeta.* Smith.

1520 | Clinopodium. Lin. *Labiées.*
Verticilles égaux, multiflores. *C. vulgare.* L.

1521 | Satureia. Lin. *Labiées.*
Feuilles linéaires. . . . *S. hortensis.* L.

11522 | ORIGANUM. Lin. *Labiées* 1523

11523 {
Feuilles vertes, velues. . *O. vulgare.* L.
Feuilles blanches-tomenteuses . . .
. . . . *O. Majorana.* L.

Angiospermie. — *Graines renfermées dans une capsule.*

1524 | LATHRÆA. Lin. *Orobanchées.*
Fleurs penchées. . . *L. squammaria.* L.

1525 | OROBANCHE. Lin. *Orobanchées.* 1526

1526 {
Une seule bractée sous chaque fleur. . . 1527
Trois bractées sous chaque fleur 1539

1527 {
Sépales contigus ou soudés. 1528
Sépales toujours distincts, écartés . . . 1533

1528 {
Fil. des étamines glabres. *O. Rapum.* Thll.
Filets des étamines velus. 1529

1529 {
Lèvre supérieure de la corolle profondément divisée. *O. Medicaginis.* Schultz.
Lèvre supérieure de la corolle entière ou
   légèrement échancrée. 1530

1530 {
Corolle régulièrement courbée sur le dos. 1531
Corolle droite sur le dos dans une grande
   partie de sa longueur. *O. Teucrii.* Schultz.

1531 {
Bractées dépassant la fleur. 1532
Bractées plus courtes que la fleur. . . .
. . . . *O. Galii.* Dub.

1532 {
Corolle jaune. . . . *O. Ligustri.* Suard.
Corolle de couleur violette. *O. major.* L.

1533 {
Sépales égalant ou dépassant le tube de la
   corolle. 1534
Sépales plus courts que le tube de la cor. 1537

1534 { Etamines insérées à la base du tube. . . . 153.
{ Etamines insérées vers le milieu du tube . 1530

1535 { Filets des étamines très-velus à la base;
plante de couleur rouge . . . . . .
. . . . O. alsatica. Schultz.
Filets des étamines couverts de quelques
poils épars; plante d'un jaune sale . .
. . . . O. Epitymum. Dec.

1536 { Lèvre inférieure de la corolle à 3 lobes sensiblement égaux et entiers. O. minor. Sutt.
Lèvre inférieure de la corolle à 3 lobes inégaux, dentés. . . . .

1537 { Stygmate de couleur jaune. . . . . .
. . . . O. Cervariæ. Suard.
Stygmate de couleur pourpre 1538

1538 { Sép. largement ovales. O. procera. Koch.
{ Sép. lancéolés subulés. O. Epithymum. Dec.

1539 { Calice monosépale à 4 dents. O. ramosa. L.
{ Calice monosépale à 5 dents 1540

1540 { Corolle courbée. . . O. cœrulea. Vill.
{ Corolle droite . . O. arenaria. Borkh.

1541 | PEDICULARIS. Lin. Rhinanthacées. . . . 1542

1542 { Fleurs jaunes. . . . . . P. foliosa. L.
{ Fleurs blanches ou rouges. 1543

1543 { Tiges nombreuses, la principale dressée,
les latérales couchées, toutes très-simples.
. . . . P. sylvatica. L.
Tige unique, dressée, rameuse dès la base.
. . . . P. palustris. L.

1544 | RHINANTHUS. Lin. Rhinanthacées . . . 1545

1545 { Bractées herbacées, verdâtres. . . .
. . . . R. minor. Ehrh.
Bractées membraneuses, d'un blanc jaunât. 1546

11546 { Calice glabre 1547
{ Calice velu . . *R. Alectorolophus.* Poll.

11547 {
Tube de la corolle droit; lèvre supérieure
   courbée-ascendante . . . .
   . . . . . . *R. angustifolius.* Gmel.
Tube de la corolle courbé; lèvre supérieure
   voûtée, dirigée en avant. . . . . .
   . . . . *R. major.* Ehrh.

1548 | BARTSIA. Lin. *Rhinanthacées.*
Fleurs violettes. . . . . *B. alpina.* L.

1549 | EUPHRASIA. Lin. *Rhinanthacées* 1550
11550 { Fleurs blanches ou violettes 1551
{ Fleurs jaunes. . . . . . *E. lutea.* L.

1551 {
Lobes de la lèvre inférieure de la corolle
   obtus. . . . . . *E. Odontites.* L.
Lobes de la lèvre inférieure de la corolle
   échancrés. . . . . *E. officinalis.* L.

1552 | MELAMPYRUM. Lin. *Rhinanthacées* . . . 1553
1553 { Fl. en épi cylindrique ou quadrangulaire. 1554
{ Fleurs géminées, en épi unilatéral . . . 1555

1554 {
Epi conique; bractées planes, dentées. .
   . . . . *M. arvense.* L.
Epi quadrangulaire; bractées en cœur,
   pliées. . . . . . *M. cristatum.* L.

1555 {
Corolle tout à fait jaune, ouverte . . .
   . . . . . . *M. sylvaticum.* L.
Corolle blanche, tachée de jaune et fermée.
   . . . . *M. pratense.* L.

1556 | LINDERNIA. Lin. *Antirrhinées.*
Feuilles ovales. . . *L. pixidaria.* All.,

1557 | LIMOSELLA. Lin. *Antirrhinées.*
Fleurs roses. . . . . *L. aquatica.* L.

1572 { Eperon courbé , plus court que la corolle.
. . . . *L. arvensis.* Desf.
Eperon droit , égalant la corolle . . .
. . . . *L. supina.* Desf.

1573 | DIGITALIS. Lin. *Antirrhinées* 1574

1574 { Fleurs jaunes , jaunâtres ou ferrugineuses.
Fleurs purpurines ou blanches . . . 1575
. . . . *D. purpurea.* Lin.

1575 { Feuilles glabres 1576
Feuilles pubescentes 1578

1576 { Tige et pédoncules glabres. . *D. lutea.* L.
Tige et pédoncules pubescents . . . 1577

1577 { Feuilles inférieures amplexicaules . . .
. . . . *D. fuscescens.* W. et K.
Feuill. non amplexicaules. *D. media.* Roth.

1578 { Lobes du calice dressés ; corolle tubuleuse-
companulée. . *D. purpurascens.* Roth.
Lobes du calice courbés en dehors ; corolle
largement campanulée . . . .
. . . . . . *D. grandiflora.* Lam.

1579 | ERINUS. Lin. *Antirrhinées.*
Fleurs violettes. . . . *E. alpinus.* L.

1580 | VERBENA. Lin. *Verbénacées.*
Fleurs en épis grêles. . *V. officinalis.* L.

CLASSE XV.

TÉTRADYNAMIE.

6 étamines dont 4 grandes et 2 plus courtes.

1581 { Silique, fruit 4 fois plus long que large. . . 1582
{ Silicule, fruit à peine plus long que large. 1609

1582 { Fleurs blanches, violettes ou purpurines. 1583
{ Fleurs jaunes ou jaunâtres. 1599

1583 { Calice égal à la base 1584
{ 2 des sépales bossus à la base 1594

1584 { Calice dressé 1585
{ Calice étalé 1591

1585 { Siliques arrondies ou comprimées . . . 1586
{ Siliques tétragones. . . . ERYSIMUM. 1693

1586 { Feuilles entières ou dentées 1587
{ Feuilles découpées 1588

1587 { Siliques comprimées. . . . . . ARABIS. 1685
{ Siliques arrondies. . . . SISYMBRIUM. 1697

1588 { Feuilles inférieures lyrées, les supérieures
{ peu ou point découpées 1589
{ Feuilles toutes pinnatifides . . BRAYA. 1692

1589 { Siliques comprimées, étalées . . . . .
{ . . . . . *Arabis arenosa.* Scop.
{ Siliques arrondies, dressées 1590

1590 { Style conique; graines unisériées. . . .
{ . . . . . *Brassica oleracea.* Lin.
{ Style comprimé, ensiforme; graines bisé-
{ riées. . . . . ERUCA. 1705

1591 { Feuilles entières ou dentées 1587
      { Feuilles découpées. 1592

1592 { Siliques linéaires; tiges dressées 1593
      { Siliques arrondies; tiges étalées.   BRAYA. 1692

1593 { Valves des siliques planes, se roulant en
          dehors à la maturité . . . CARDAMINE. 1671
      { Valves des siliques convexes, ne se roulant
          pas à la maturité . . . NASTURTIUM. 1675

1594 { Feuilles supérieures entières, ou dentées,
          ou faiblement incisées 1595
      { Feuilles toutes très-découpées. 1598

1595 { Feuill. infér. lyrées; siliques articulées. . 1596
      { Feuilles inférieures semblables aux supé-
          rieures; siliques non articulées. . . . 1597

1596 { Siliques striées, se séparant à la maturité
          en plusieurs articles monospermes . .
          . . . . . . RAPHANISTRUM. 1668 bis.
      { Siliques lisses, presqu'à une seule loge lon-
          gitudinale indéhiscente. . RAPHANUS. 1668

1597 { Siliques arrondies; 2 stygmates planes. .
          . . . . HESPERIS. 1667
      { Siliques comprimées; 1 stygmate obtus. .
          . . . . ARABIS. 1685

1598 { Siliques linéaires. . . . CARDAMINE. 1671
      { Siliques lancéolées . . . . DENTARIA. 1669

1599 { Calice étalé. 1600
      { Calice dressé 1604

1600 { Style comprimé, anguleux, comme ensi-
          forme . . . . SINAPIS. 1713
      { Style conique 1601

1611 { Silicules échancrées au sommet 1612
       Silicules entières ou à peine échancrées . 1615

1612 { Pétales égaux. 1613
       Deux pétales extérieurs plus grands que les
         autres 1614

1613 { Feuilles entières ou dentées. . THLASPI. 1650
       Feuilles pinnatifides . . . HUTCHINSIA. 1656

1614 { Silicules à loges monospermes. . IBERIS. 1648
       Deux graines dans chaque loge de la silicule.
         . . . . TEESDALIA. 1639

1615 { Plus d'une graine dans chaque loge de la
         silicule. 1616
       Silicule monosperme ou divisée en loges
         monospermes 1622

1616 { Silicules sessiles 1617
       Silicules pédicellées; feuilles en cœur . .
         . . . . LUNARIA. 1660

1617 { Pétales entiers 1618
       Pétales bifides 1621

1618 { Feuilles insensiblement atténuées à la base. 1619
       Feuilles arrondies à la base , les radicales
         longuement pétiolées. . COCHLEARIA. 1665

1619 { Silicules subglobuleuses ou orbiculaires. . 1620
       Silicules ovales ou oblongues, comprimées.
         . . . . DRABA. 1663

1620 { Silicules subglobuleuses, à valves très-con-
         vexes . . . . ARMORACIA. 1666
       Silicules orbiculaires, à valves convexes au
         centre, planes sur les bords. ALYSSUM. 1661

1621 { Tige feuillée . . . . . . BERTHEROA. 1660 bis.
       Tige nue. . . . . EROPHILA. 1660 ter.

1622 { Silicules à une seule loge . . CALEPINA. 1634
      Silicules à deux loges . , ... 1623

1623 { Feuilles toutes pinnatifides. . SENEBIERA. 1638
      Feuilles caulinaires entières ou dentées. . 1624

1624 { Silicules orbiculaires. . . . ALYSSUM. 1661
      Silicules oblongues ou ovales. LEPIDIUM. 1640

1625 { Tige ne dépassant pas un décimètre . . . .
      . . . . HUTCHINSIA. 1656
      Tige de 3-4 décimètres. . . CAMELINA. 1658

1626 { Silicules entières au sommet 1627
      Silicules échancr. au sommet. BISCUTELLA. 1637

1627 { Loges de la silicule parallèles aux valves. 1628
      Loges de la silicule superposées et séparées
      par une cloison transversale. RAPISTRUM. 1635

1628 { Silicule monosperme. 1629
      Silicule polysperme 1630

1629 { Silicule oblongue; calice étalé. . ISATIS. 1636
      Silicule subglobuleuse; cal. dressé. NESLIA. 1633

1630 { Feuilles entières ou dentées 1631
      Feuilles pinnatifides. . . NASTURTIUM. 1675

1631 { Feuilles blanchâtres . . . . ALYSSUM. 1661
      Feuilles vertes. 1632

1632 { Silicules linéaires ou elliptiques . . .
      . . . . NASTURTIUM. 1675
      Silicules obovées ou subglobuleuses. . .
      . . . . CAMELINA. 1658

Analyse des espèces.

Siliculeuses.

1633 | NESLIA. Desv. *Crucifères*. . . . .
      Feuilles entières. . . *N. paniculata*. Desv.

1634 | CALEPINA. Dew. *Crucifères.*
Feuilles radicales lyrées. *C. Corvini.* Desv.

1635 | RAPISTRUM. Bœrrh. *Crucifères.*
Feuilles inférieures lyrées. *R. rugosum.* All.

1636 | ISATIS. Lin. *Crucifères.*
Feuilles glauques, entières. *I. tinctoria.* L.

1637 | BISCUTELLA. Lin. *Crucifères.*
Silicules échancrées à la base et au sommet.
. . . . *B. lævigata.* L.

1638 | SENEBIERA. Pers. *Crucifères.*
Tiges étalées. . . . *S. Coronopus.* Pers.

1639 | TEESDALIA. Brown. *Crucifères.*
Feuilles radicales pinnatifides . . . . .
. . . . . . *T. nudicaulis.* Brown.

1640 | LEPIDIUM. Lin. *Crucifères* 1641

1641 { Feuilles entières ou dentées 1642
{ Feuilles lyrées ou pinnatifides. 1645

1642 { Feuilles supérieures embrassantes . . . 1643
{ Feuilles supérieures non embrassantes. . 1644

1643 { Fruits ailés. . . *L. campestre.* Brown.
{ Fruits non ailés. . . . *L. Draba.* L.

1644 { Feuilles supérieures linéaires, entières.
{ . . . . . . *L. graminifolium.* L.
{ Feuilles supérieures ovales-lancéolées . .
{ . . . . *L. latifolium.* L.

1645 { Feuilles supérieures embrassantes . . .
{ . . . . . . *L. campestre.* Brown.
{ Feuilles supérieures non embrassantes . . 1646

1646 { Silicules échancrées au sommet 1647
{ Silicules non échancrées. . . . . .
{ . . . . . . *L. graminifolium.* L.

12.

1647 { Pédicelles très-étalés ; deux étamines. . .
. . . . *L. ruderale.* L.
Pédicelles dressés-appliqués ; 6 étamines.
. . . . *L. sativum.* L.

1648 | IBERIS. Lin. *Crucifères* 164

1649 { Feuilles supérieures très-entières . . . .
. . . . *I. Violeti.* Will.
Feuilles supérieures dentées à la base . .
. . . . *I. amara.* L.

1650 | THLASPI. Lin. *Crucifères.* 165

1651 { Tige dressée. 165
Tiges couchées 165

1652 { Silicule tout à fait entourée d'un rebord orbiculaire 165
Silicule garnie dans sa partie supérieure
seulement d'un rebord médiocre . . .
. . . . *T. perfoliatum.* L.

1653 { Rebord de la silique large. *T. arvense.* L.
Rebord de la silique fort étroit . . . .
. . . . *T. alliaceum.* L.

1654 { Silicules arrondies à la base , et à 4 graines.
. . . . *T. montanum.* L.
Silicules atténuées à la base. et à 8-16
graines. . . . . . . *T. alpestre.* L.

1655 | CAPSELLA. Medikus. *Crucifères.* . . . .
Feuilles inférieures pinnatifides . . . .
. . . . . . *C. Bursa pastoris.* Mœnch.

1656 | HUTCHINSIA. Brown. *Crucifères* . . . . 165?

1657 { Tige simple , nue. . *H. alpina.* Brown.
Tige rameuse , feuillée. *H. petræa.* Brown.

1658 | CAMELINA. Dec. *Crucifères.* . . . . . 165?

1659 { Silicules pyriformes , munies d'un rebord
étroit. . . . . *C. sativa.* Dec.
Sil. obovées, non bordées. *C. dentata.* Pers.

1660 | LUNARIA. Lin. *Crucifères.*
Feuilles en cœur. . . . *L. rediviva.* L.

1660 | BERTHEROA. Dec. *Crucifères.*
bis. Feuilles lancéolées. . . *B. incana.* Dec.

1660 | EROPHILA. Dec. *Crucifères.*
ter. Feuilles radicales, disposées en rosette.
. . . . *E. vulgaris.* Dec.

1661 | ALYSSUM. Lin. *Crucifères* 1662
1662 { Silicules orbiculaires . *A. calycinum.* L.
{ Silicules elliptiques . . *A. montanum.* L.

1663 | DRABA. Lin. *Crucifères* 1664
1664 { Tige rameuse, feuillée . *D. muralis.* L.
{ Tige nue . . . . . . *D. aizoides.* L.

1665 | COCHLEARIA. Lin. *Crucifères.*
Feuilles supérieures amplexicaules . . .
. . . . *C. officinalis.* L.

1666 | ARMORACIA. Fl. der Welt. *Crucifères.*
Tige fistuleuse. *A. rusticana.* Fl. der W.

Siliqueuses.

1667 | HESPERIS. Lin. *Crucifères.*
Pétales obovés. . . *H. matronalis.* Lin.

1668 | RAPHANUS. Lin. *Crucifères.*
Siliques lisses. . . . . . *R. sativus.* L.

1668 | RAPHANISTRUM. Tournef. *Crucifères.*
bis. Siliques hérissées . . . *R. rugosum.* Dec.

1669 | DENTARIA. Lin. *Crucifères* 1670
1670 { Feuilles digitées . . *D. digitata.* Lam.
{ Feuilles ailées . . . *D. pinnata.* Lam.

1671 | CARDAMINE. Lin. *Crucifères* 1672

1672 { Pétioles auriculés. . . *C. impatiens.* L.
Pétioles non munis d'oreillettes . . . 1673

1673 { Tige radicante à la base. *C. amara* Lin.
Tige sans rejets rampants 1674

1674 { Tige hérissée. . . . . *C. hirsuta.* L.
Plante glabre . . . . . *C. pratensis.* L.

1675 | NASTURTIUM. Brown. *Crucifères.* . . . 1676

1676 { Fleurs blanches. . *N. officinale.* Brown.
Fleurs jaunes 1677

1677 { Pétales ne dépassant point le calice . . .
. . . . *N. palustre.* Dec.
Pétales plus longs que le calice 1678

1678 { Feuilles caulinaires pinnatifides . . . 1679
Feuilles caulinaires entières, dentées ou
incisées. . . *N. amphibium.* Brown.

1679 { Feuilles inférieures entières ou lyrées . . 1680
Feuilles inférieures pinnatifides . . .
. . . . . . *N. sylvestre.* Brown.

1680 { Feuilles supérieures à segments entiers. .
. . . . . *N. pyrenaicum.* Brown.
Feuilles supérieures à segments dentées .
. . . . . . *N. anceps.* Reich.

1681 | TURRITIS. Lin. Crucifères.
Feuilles caulinaires amplexicaules . . .
. . . . *T. glabra.* L.

1682 | CHEIRANTHUS. Dec. *Crucifères.*
Feuilles lancéolées. . . . *C. Cheiri.* L.

1683 | BARBAREA. Brown. *Crucifères.* . . . 1684

1684 { Feuilles supérieures entières ou dentées .
. . . . . . *B. vulgaris.* Brown.
Feuilles supérieures ailées-pinnatifides .
. . . . . . *B. præcox.* Brown.

1685 | ARABIS. Lin. *Crucifères.* 1686

1686 { Plante glabre.   *A. brassicæformis.* Wahl.
     { Plante velue ou hérissée. 1687

1687 { Feuilles radicales lyrées ou pinnatifides. .
     { . . . . *A. arenosa.* Scop.
     { Feuilles radicales entières ou dentées . . . 1688

1688 { Feuilles caulinaires embrassantes. . . . 1689
     { Feuilles caulinaires non embrassantes . .
     { . . . . *A. serpillifolia.* Vill.

1689 { Calice glabre 1690
     { Calice pubescent 1691

1690 { Oreillettes des feuilles caulinaires écartées
     { de la tige. . . . . *A. hirsuta.* Scop.
     { Oreillettes appliquées contre la tige . . . . .
     { . . . . *A. Gerardi.* Besser.

1691 { Feuilles caulinaires appliquées contre la
     { tige dans leur moitié inférieure . . . .
     { . . . . *A. Gerardi.* Besser.
     { Feuilles caulinaires non appliquées contre
     { la tige. . . . . *A. auriculata.* Lam.

1692 | BRAYA. Stern et Hoppe. *Crucifères.*
       Tiges couchées. . . *B. supina.* Koch.

1693 | ERYSIMUM. Lin. *Crucifères* 1694

1694 { Feuilles caulinaires embrassantes . . .
     { . . . . *E. perfoliatum.* Dec.
     { Feuilles caulinaires non embrassantes . . 1695

1695 { Pédicelles plus longs que les calices. . . .
     { . . . . *E. cheiranthoides.* L.
     { Pédicelles plus courts que les calices . . . 1696

1696 { Feuilles inférieures roncinées-dentées . .
     { . . . . . *E. carniolicum.* Dolliner.
     { Feuilles inférieures entières ou dentées . .
     { . . . . *E. odoratum.* Ehrh.

1697 | Sisymbrium. Lin. *Crucifères* 1698

1698 { Fleurs blanches 1699
     { Fleurs jaunes 1700

1699 { Feuilles caulinaires sessiles lancéolées
     { . . . . *S. Thalianum.* Gaud.
     { Feuilles toutes pétiolées, en cœur à la base.
     { . . . . *S. Alliaria.* Scop.

1700 { Feuilles bi-tripinnatifides ; sépales dressés.
     { . . . . *S. sophia.* L.
     { Feuilles roncinées-pinnat. sépales étalés. 1701

1701 { Siliques appliquées contre l'axe . . . . .
     { . . . . *S. officinale.* Scop.
     { Siliques écartées de l'axe 1702

1702 { Lanières des feuilles auriculées à la base,
     { la terminale conforme . . . . . .
     { . . . . . . *S. pannonicum.* Jacq.
     { Lanières des feuilles non auriculées à la
     { base, la terminale plus grande, hastée.
     { . . . . *S. Lœselii.* L.

1703 | Diplotaxis. Dec. *Crucifères* 1704

1704 { Pédicelles plus longs que les fleurs ; tige
     { sous-frutescente. . *D. tenuifolia.* Dec.
     { Pédicelles moins longs que les fleurs ; tige
     { herbacée. . . . . *D. muralis.* Dec.

1705 | Eruca. Tournef. *Crucifères.*
       Fleurs veinées de violet. *E. sativa.* Lam.

1706 | Erucastrum. Sch. et Spenn. *Crucifères.* 1707
                                                  1708
1707 { Siliques écartées de la tige . . . . . .
     { Siliques appliquées contre la tige . . .
     { . . . . *E. incanum.* Koch.

1708 { Rameaux inférieurs munis de bractées.
     { . . . . . . *E. Pollichii.* Sch. et Sp.
     { Rameaux inférieurs dépourvus de bractées.
     { . . . . . . *E. obtusangulum.* Reich.

CLASSE XVI.

MONADELPHIE.

Étamines réunies par les filets en un seul
faisceau.

1718 { Corolle monopétale 1719
     { Corolle polypétale. 1720

1719 { Fleurs jaunes . . . . . *Lysimachia,*
     { Fleurs blanches. . . . . *Cynanchum.*

1720 { Tige ligneuse . . . . . MYRICARIA. 1734
     { Tige herbacée 1721

1721 { 4 étamines . . . . *Radiola.*
     { 5 étamines ou plus 1722

1722 { 5 styles 1723
     { 1 style à 5 stigmates 1724

1723 { Feuilles simples . . . . . . *Linum.*
     { Feuilles ternées . . . . . . *Oxalis.*

1724 { 5 étamines fertiles. 1725
     { 10 étamines fertiles . . . GERANIUM. 1735

1725 { Pédoncules biflores. *Geranium pussilum.* L.
     { Pédoncules à 3-10 fleurs. . . ERODIUM. 1746

1726 { Calice extérieur à 3 folioles. . . MALVA. 1749
     { Calice extérieur à 6-9 folioles. ALTHÆA. 1747

1727 { 8 étamines ; corolle frangée. . *Polygala.*
     { 10 étamines ; corolle papilionacée . . . 1728

1728 { Fleurs jaunes 1729
     { Fleurs jamais jaunes 1732

1729 { Feuilles épineuses. . . . . . *Ulex.*
     { Feuilles non épineuses 1730

1730 { Feuilles toutes très-simples. . . *Genista.*
     { Feuilles inférieures trifoliolées ; les supé-
     {   rieures simples . . . *Sarothamnus.*
     { Feuilles toutes trifoliolées . . . *Cytisus.*
     { Feuilles ailées avec impaire. 1731

1731 { Fleurs axillaires, solitaires ou géminées.
     { . . . . *Vicia lutea.* L.
     { Fleurs en tête terminale . . *Anthyllis.*

1732 {
Feuilles simples ou trifoliolées . *Ononis.*
Feuilles ailées 1733

1733 {
Feuilles terminées en vrille. . . *Vicia.*
Feuilles non terminées en vrille . *Galega.*

Analyse des espèces.

Décandrie. — 10 étamines.

1734 | MYRICARIA. Dev. *Tamariscinées.*
Fl. en épis terminaux. *M. germanica.* Desv.

1735 | GERANIUM. Lin. *Géraniacées* 1736

1736 {
Pédoncules uniflores. *G. sanguineum.* L.
Pédoncules biflores 1737

1737 {
Feuilles arrondies dans leur pourtour . . 1738
Feuilles non arrondies dans leur pourtour,
et comme pinnatifides. *G. Robertianum.* L.

1738 {
Feuilles divisées presque jusqu'à la base . 1739
Feuilles dont les divisions ne dépassent pas
le milieu 1744

1739 {
Pétales entiers 1740
Pétales échancrés ou crénelés. 1742

1740 {
Tiges diffuses . . . . *G. palustre.* L.
Tige dressée. 1741

1741 {
Pétales glabres au-dessus de l'onglet. . .
. . . . *G. pratense.* L.
Pétales velus au-dessus de l'onglet . . .
. . . . *G. sylvaticum.* L.

1742 {
5 étamines stériles ; graines lisses. . .
. . . . *G. pusillum.* L.
10 étamines fertiles ; graines alvéolées . . 1743

1743 {
Pédoncules plus longs que les feuilles . .
. . . . *G. columbinum.* L.
Pédoncules plus courts que les feuilles . .
. . . . *D. dissectum.* L.
}

1744 {
Pétales velus au-dessus de l'onglet . . . 1745
Pétales glabres au-dessus de l'onglet . .
. . . . *G. rotundifolium.* L.
}

1745 {
Filets des étamines ciliés ; pétales étalés. .
. . . . *G. molle.* L.
Filets des étamines glabres ; pétales con-
tigus. . . . . *G. pyrenaïcum.* L.
}

1746 | ERODIUM. L'Héritier. *Géraniacées.*
Feuilles pinnatifides. *E. cicutarium.* L'Hér.

Polyandrie. — Étamines nombreuses.

1747 | ALTHÆA. Lin. *Malvacées* 1748

1748 {
Pédoncules uniflores . . . *A. hirsuta.* L.
Pédoncules multiflores. *A. officinalis.* L.
}

1749 | MALVA. Lin. *Malvacées.* 1750

1750 {
Fleurs solitaires à l'aisselle des feuilles. . 1751
Fleurs fasciculées à l'aisselle des feuilles . 1752
}

1751 {
Feuilles caulinaires découpées jusqu'au pétiole. . . . . . . *M. moschata.* L.
Feuilles dont les divisions n'atteignent pas
le pétiole . . . . . . *M. Alcea.* L.
}

1752 {
Tige droite ; fl. petites, blanchâtres, vei-
nées de rose. . . *M. rotundifolia.* L.
Tige couchée ; fleurs grandes, violettes. . .
. . . . *M. sylvestris.* L.
}

CLASSE XVII.

DIADELPHIE.

6-10 étamines réunies par les filets en 2 faisceaux.

Analyse des genres.

1753	6 étamines ; 1 éperon à la base de la corolle.	1754
	8 étamines ; corolle frangée, non éperonnée. . . . . . . POLYGALA.	1792
	10 étamines ; corolle papilionacée . . .	1755
1754	Fruit ovale ou globuleux, monosperme et indéhiscent. . . . . . FUMARIA.	1785
	Fruit comprimé, polysperme et débiscent. . . . . CORYDALIS.	1788
1755	Feuilles toutes à 1 foliole	1756
	Feuill. (au moins les inférieures) à 3 folioles.	1757
	Feuilles ailées sans impaire [1]	1768
	Feuilles ailées avec impaire.	1776
1756	Calice divisé profondément en 2 lèvres. . . . . ULEX.	1798
	Calice tubuleux à 2 lèvres peu profondes. . . . . GENISTA.	1800
1757	Tige ligneuse	1758
	Tige herbacée	1761
1758	Fleurs jaunes	1759
	Fleurs roses ou blanches . . ONONIS.	1807
1759	Fl. en grappes pendantes, nues. CYTISUS.	1805
	Fleurs en grappes dressées, feuillées . .	1760

[1] La foliole terminale est presque constamment remplacée par une vrille ou un mucron.

1760 { Style velu; calice bilabié.   SAROTHAMNUS.   179
      { Style glabre; calice quinquéfide.   ONONIS.   180

1761 { Tige portant 1-2 fleurs.   TETRAGONOLOBUS.   181
      { Tige chargée de plus de 2 fleurs   176

1762 { Fleurs jaunes   176
      { Fleurs jamais jaunes.   176

1763 { Fl. en ombelle simple et terminale. LOTUS.   181
       Fleurs en épis ovoïdes ou en tête serrée. .   176
       Fleurs en grappes allongées, unilatérales.
       . . . . MELILOTUS.   183
       Fleurs axillaires, solitaires ou géminées.   176

1764 { Fruit allongé, un peu courbé. TRIGONELLA.   184
       Fruit plusieurs fois contourné en spirale.
       . . . . MEDICAGO.   184

1765 { Corolle caduque; filets des étamines non di-
       latés au sommet; légume dépassant le ca-
       lice.   176
       Corolle persistante; filets dilatés au sommet;
       légume renfermé dans le calice . . .
       . . . . TRIFOLIUM.   181

1766 { Légume droit, renfermant de 1-3 graines.
       . . . . MELILOTUS.   183
       Légume courbé ou contourné en spirale,
       renfermant plus de trois graines . . .
       . . . . MEDICAGO.   184

1767 { Calice à 2 lèvres; folioles pourvues de sti-
       pelles; style barbu au sommet . . .
       . . . . PHASEOLUS.   188
       Calice à 5 dents; folioles non munies de
       stipelles; style glabre.   1765

1768 { Tige ligneuse, épineuse. . . GLEDITSIA.   189
      { Tige herbacée, inerme 1769

1769 { Feuilles caulinaires dépourvues de folioles. . . . . LATHYRUS. 1857
Feuilles toutes pourvues de folioles . . . 1770

1770 { Feuilles à plus de 6 folioles. 1771
Feuilles ayant ordinairement moins de 6 folioles 1772

1771 { Calice presque égal à la corolle; stygmate glabre. . . . . ÉRVUM. 1850
Calice plus court que la corolle; stygmate velu. . . . . VICIA. 1870

1772 { Pétiole terminé par un mucron ou un filet. 1873
Pétiole terminé par une vrille rameuse. . 1774

1773 { Feuilles à 4 folioles. . . *Vicia Faba.* L.
Feuilles à plus de 6 folioles . . . OROBUS. 1853

1774 { Stipules plus grandes que les folioles inférieures. . . . . PISUM. 1864
Stipules plus courtes que les folioles infér. 1775

1775 { Tube des étamines tronqué à angle droit; style pubescent à sa face supérieure . . . . LATHYRUS. 1857
Tube des étamines obliquement tronqué; style pubescent au sommet et tout autour ou barbu sous le stygmate. . . VICIA. 1870

1776 { Tige ligneuse 1777
Tige herbacée 1779

1777 { Fleurs roses ou blanches. . . ROBINIA. 1867 *bis.*
Fleurs jaunes 1778

1778 { Pédicelles plus longs que les calices . . . . COLUTEA. 1868
Pédicelles plus courts que les calices ou les égalant. . . . . . CORONILLA. 1886

1779 { Fleurs jaunes 1780
Fleurs jamais jaunes 1783

Analyse des espèces.

Hexandrie. — 6 étamines.

1791 { Sépales bifides-dentés; point d'écailles au-
dessous des feuilles; tige fistuleuse
. . . . *C. cava.* Schw. et K.
Sép. nuls ou entiers; 1-2 écailles au-dessous
des feuilles; tige pleine. *C. solida.* Smith.

Octandrie. — 8 étamines.

1792	POLYGALA. Lin. *Polygalées.*	1793

1793 { Tige frutescente . . *P. Chamœbuxus.* L.
Tige herbacée 1794

1794 { Bractées latérales plus courtes que les péd. 1795
Bractées latérales égalant les pédicelles. .
. . . . *P. comosa.* Schk.

1795 { Feuill. raméales plus longues que les infér. 1796
Feuill. raméales plus courtes que les infér. 1797

1796 { Feuilles toutes éparses. . *P. vulgaris.* L.
Feuill. infér. opposées. *P. depressa.* Wend.

1797 { Feuilles raméales oblongues, cunéiformes
à la base. . . . . . *P. amara.* L.
Feuilles raméales linéaires, atténuées à la
base . . . . . *P. calcarea.* Schultz.

Décandrie. — 10 étamines.

1798 | ULEX. Lin. *Papilionacées.*
Feuilles simples, coriaces. *U. Europœus.* L.

1799 | SAROTHAMNUS. Wimm. *Papilionacées.*
Feuilles infér. trifoliolées. *S. scoparius.* W.

1800 | GENISTA. Lin. *Papilionacées* 1801

1801 { Tige épineuse . . . . *G. germanica.* L.
Tige inerme 1802

1802 { Fleurs en grappe serrée, terminale 1803
{ Fleurs en grappe lâche feuillée 1804

1803 { Tige ou rameaux ailés. . *G. sagittalis.* L.
{ Tige ou rameaux non ailés. *G. tincloria.* L.

1804 { Corolle glabre. . . *G. Halleri.* Regnier.
{ Corolle poilue. . . . . *G. pilosa.* L.

1805 | CYTISUS. Lin. *Papilionacées* 1806

1806 { Grappes allongées, pendantes. .
{ . . . . *C. Laburnum.* L.
{ Grappes terminales, dressées . . . .
{ . . . . *C. nigricans.* L.

1807 | ONONIS. Lin. *Papilionacées* 1808
{ Pédoncules plus courts que les calices . . 1809
1808 { Pédoncules plus longs que les calices . .
{ . . . . *O. natrix.* Lam.

1809 { Fleurs solitaires 1810
{ Fleurs géminées. . . *O. hircina.* Jacq.

1810 { Tiges dressées . . . . *O. spinosa.* L.
{ Tiges rampantes . . . . *O. repens.* L.

1811 | ANTHYLLIS. Lin. *Papilionacées.*
Fleurs en tête terminale. *A. Vulneraria.* L.

1812 | GALEGA. Lin. *Papilionacées.*
Foliol. lancéolées, glabres. *G. officinalis.* L.

1813 | LOTUS. Lin. *Papilionacées*. 1814

1814 { Gousse comprimée; tige pleine . . .
{ . . . . *L. corniculatus.* L.
{ Gousse cylindrique; tige fistuleuse . . .
{ . . . . *L. major.* Scop.

1815 | TETRAGONOLOBUS, Scop. *Papilionacées.*
Gousse ailée, quadrangulaire . . . .
. . . . *T. siliquosus.* Roth.

| 1816 | Trifolium. Lin. *Papilionacées* . . . . . | 1817 |

| 1817 | Fleurs jaunes . . . . | |
| | Fleurs rouges, blanches ou jaunâtres . . | 1818 |

| 1818 | Calices glabres. . . . . | 1819 |
| | Calices velus ou hérissés . . . . . . | 1823 |

| 1819 | Folioles ovales, elliptiques ou en cœur; tige couchée à la base. . . . . . . | 1820 |
| | Folioles oblongues; tige dressée. . . . . *T. strictum.* L. | |

| 1820 | Fleurs sessiles . . . *T. medium.* L. | |
| | Fleurs pédicellées. . . . . | 1821 |

| 1821 | Tige rampante; fleurs blanches . . . . *T. repens.* L. | |
| | Tige couchée à la base, puis redressée; fleurs à la fin rosées . . . . | 1822 |

| 1822 | Tige velue au sommet; folioles obovées. . . . . *T. elegans.* Savi. | |
| | Tige glabre; foliol. rhomboides-elliptiques. . . . . *T. hybernum.* L. | |

| 1823 | Tube du calice resserré et velu à la gorge. | 1824 |
| | Tube du calice élargi et glabre à la gorge. | 1832 |

| 1824 | Fleurs blanches, roses ou rouges. . . . | 1825 |
| | Fleurs d'un blanc jaunâtre. . . . . *T. ochroleucum.* L. | |

| 1825 | Dents du calice égales . . . . . . | 1826 |
| | Dents du calice inégales. . . . . . . | 1828 |

| 1826 | Capitules de fleurs sessiles. *T. scabrum.* L. | |
| | Capitules de fleurs pédonculés. . . . . | 1827 |

| 1827 | Dents du calice plus longues que la corolle. . . . . *T. arvense.* L. | |
| | Dents du calice plus courtes que la corolle. . . . . *T. incarnatum.* L. | |

13

1828 {
10 nervures sur le tube du calice.   .   .   .   1829
20 nervures sur le tube du calice.   .   .   .   1831
5 nervures sur le tube du calice.   .   .   .   .
          .   .   .   .   *T. scabrum.* L.
}

1829 {
Fleurs en capitules oblongs; dents du cal.
   à la fin étalées.   .   .   .   *T. striatum.* L.
Fleurs en capitules globuleux; dents du calice à la fin dressées   1830
}

1830 {
Stip. membraneuses; feuilles non glauques
   en dessous.   .   .   .   .   *T. pratense.* L.
Stipules herbacées; feuilles glauques en
   dessous.   .   .   .   .   .   *T. medium.* L.
}

1831 {
Plante glabre; capitules oblongs.   .   .   .
   .   .   .   .   *T. rubens.* L.
Plante velue; capitules globuleux   .   .   .
   .   .   .   .   *T. alpestre.* L.
}

1832 {
Calice vésiculeux.   .   .   *T. fragiferum.* L.
Calice non vésiculeux.   *T. montanum.* L.
}

1833 {
Fol. également pétiolulées. *T. agrarium.* L.
Foliole impaire plus longuement pétiolulée.   1834
}

1834 {
Capitules de 30-40 fleurs serrées; étendard
   strié.   .   .   .   .   .   *T. procumbens.* L.
Capitules de 8-10 fleurs lâches; étendard
   lisse.   .   .   .   .   .   .   *T. filiforme.* L.
}

1835 | ASTRAGALUS. Lin. *Papilionacées.*   .   .   .   1836

1836 {
Fleurs jaunes ou jaunâtres.   1837
Fleurs violettes.   .   .   *A. Hypoglottis.* L.
}

1837 {
Fleurs sessiles; calices hérissés. *A. Cicer.* L.
Fleurs pédonculées; calices glabres .   .   .
   .   .   .   .   *A. glycyphyllos.* L.
}

1838 | ONOBRYCHIS. Tournef. *Papilionacées* .   .   .   1840
Fleurs en grappes.   .   .   *O. sativa.* Lam.

| 1839 | MELILOTUS. Tournef. *Papilionacées*. . . | 1840 |

1840 {
Fleurs jaunes 1840
Fleurs blanches . *M. leucantha*. Koch.
Fleurs violettes . . *M. cœrulea*. Lam.

1841 {
Fleurs en épis ou en grappes allongées . . 1842
Fleurs en capitules serrés, globuleux . .
. . . . *M. lupulina*. Desv.

1842 {
Stipules incisées. . . *M. dentata*. Willd.
Stipules entières. . *M. officinalis*. Willd.

| 1843 | MEDICAGO. Lin. *Papilionacées*. . . . . | 1844 |

1844 {
Fleurs jaunes 1845
Fleurs violettes ou bleuâtres 1848

1845 {
Gousses hérissées d'un double rang d'épines. 1846
Gousses non hérissées. . *M. falcata*. L.

1846 {
Plante glabre . . *M. denticulata*. Willd.
Plante velue. 1847

1847 {
Gousses glabres; folioles marquées d'un
point noir. . . *M. maculata*. Willd.
Gousses légèrement pubescentes . . . .
. . . . *M. minima*. Lam.

1848 {
Gouss. courbées en anneau. *M. media*. Pers.
Gousses 2-3 fois contournées en spirale. .
. . . . *M. sativa*. L.

1849 | TRIGONELLA. Lin. *Papilionacées*.
Gousses courbées. *T. Fœnum grœcum*. L.

1850 | ERVUM. Lin. *Papilionacées*. 1851

1851 {
Gousse glabre 1852
Gousse pubescente . . *E. hirsutum*. L.

1852 {
Stipules entières . . . . . *E. Lens*. L.
Stipules hastées 1853

1853 $\begin{cases}$ Grappe de 2-5 fleurs ; folioles aiguës. . . . . *E. gracile.* Dec. Grappe de 1-2 fleurs ; folioles obtuses . . . . *E. tetraspermum.* L. $\end{cases}$

1854 | OROBUS. Lin. *Papilionacées* 1855

1855 $\begin{cases}$ Tige ailée . . . . . *O. tuberosus.* L. Tige non ailée . . . . 1856 $\end{cases}$

1856 $\begin{cases}$ Stipules ovales-lancéolées ; 4-6 folioles lon- guement acuminées. . *O. vernus.* L. Stipules linéaires ; 8-12 folioles obtuses. . . . . *O. niger.* L. $\end{cases}$

1857 | LATHYRUS. Lin. *Papilionacées* 1858

1858 $\begin{cases}$ Feuilles toutes pourvues de folioles. . . 1859 Feuilles caulinaires dépourvues de folioles. 1865 $\end{cases}$

1859 $\begin{cases}$ Fleurs jaunes. . . . . *L. pratensis.* L. Fleurs blanches, rouges ou bleues . . . 1860 $\end{cases}$

1860 $\begin{cases}$ Pédoncules uniflores. . . . . 1861 Pédoncules portant plusieurs fleurs. . . 1862 $\end{cases}$

1861 $\begin{cases}$ Pédoncules plus longs que les feuilles ; gousses velues. . . . *L. hirsutus.* L. Pédoncules plus courts que les feuilles ; gousses glabres. . . . *L. Sativus.* L. $\end{cases}$

1862 $\begin{cases}$ Feuilles à 2 folioles . . . . 1863 Feuilles à plus de 2 folioles. *L. palustris.* L. $\end{cases}$

1863 $\begin{cases}$ Tige évidemment ailée . . . . Tige anguleuse, mais non ailée . . . . *L. tuberosus.* L. $\end{cases}$

1864 $\begin{cases}$ Pétiole ailé ; plante glabre. *L. sylvestris.* L. Pétiole non ailé ; plante pubescente. . . . . *L. hirsutus.* L. $\end{cases}$

1865 $\begin{cases}$ Pétiole élargi et terminé en pointe . . . . *L. Nissolia.* L. Pétiole filiforme, terminé en vrille . . . . *L. Aphaca.* L. $\end{cases}$

1866 | PISUM. Lin. *Papilionacées* 1867

1867 { Fleurs blanches. . . . *P. sativum.* L.
Fleurs mêlées de bleu et de pourpre. . . .
. . . . *P. arvense.* L.

1867 | ROBINIA. Lin. *Papilionacées.*
bis. Grappes pendantes. *R. Pseud-Acacia.* L.

1868 | COLUTEA. Lin. *Papilionacées.* 1869

1869 { Gousses fermées. . . *C. arborescens.* L.
Gouss. ouvertes au sommet. *C. cruenta.* Ait.

1870 | VICIA. Lin. *Papilionacées* 1871

1871 { Fleurs jaunes ou jaunâtres. 1872
Fleurs bleues, roses ou rouges 1875

1872 { Fleurs en longues grappes unilatérales. . 1873
Fleurs axillaires, solitaires ou géminées. 1874

1873 { Fol. lisses sur les bords. *V. pisiformis.* L.
Folioles ciliées . . . *V. dumetorum.* L.

1874 { Etendard glabre. . . . . *V. lutea.* L.
Etendard velu en dehors. *V. hybrida.* L.

1875 { Fleurs axillaires, solitaires ou géminées. . 1876
Fleurs disposées en grappes 1880

1876 { Plante glabre; ailes tachées de noir. . .
. . . . *V. Faba.* L.
Plante plus ou moins velue; ailes non
tachées 187

1877 { Stipules semi-sagittées, très-entières. . . 1878
Stipules dentées à la base . . . . .

1878 { Gousse stipitée; fleurs géminées . . .
. . . . *V. sepium.* L.
Gousse sessile; fleurs solitaires . . .
. . . . *V. lathyroides.* L.

13.

1879 { Gousses jaunâtres à la maturité ; graines comprimées ; fol. ordinairement échancrées. . . . . *V. sativa.* L.
Gousses noircissant à la maturité ; graines globuleuses ; folioles mucronées . . . . *V. polymorpha.* God.

1880 { 2-7 fl. en grappe brièvement pédonculée.   1881
15-20 fleurs en grappe longuement pédonculée   1882

1881 { Grappe plus longue que la feuille . . . . *V. dumetorum.* L.
Grappe plus courte que la feuille. . . . . *V. sepium.* L.

1882 { Limbe de l'étendard 2 fois plus court que son onglet. . . . . *V. villosa.* Roth.
Limbe de l'étendard égalant son onglet. . . . . *V Cracca.* L.
Limbe de l'étendard 2 fois plus long que l'onglet . . . . *V. tenuifolia.* Roth.

1883 | **Phaseolus.** Lin. *Papilionacées.*
Grappe plus courte que la feuille . . . . *P. vulgaris.* L.

1884 | **Ornithopus.** Lin. *Papilionacées.*
Pédoncule plus long que les feuilles. . . . . *O. perpusillus.* L.

1885 | **Hippocrepis.** Lin. *Papilionacées.*
Ombelle de 2-6 fleurs. . . *H. comosa.* L.

1886 | **Coronilla.** Lin. *Papilionacées* 1887

1887 { Tige ligneuse au moins inférieurement. . . 1888
Tige entièrement herbacée. 1889

1888 { Pédicelles plus courts que les calices ; tige dressée . . . . . . *C. Emerus.* L.
Pédicelles égalant le calice ; tige couchée. . . . . *C. vaginalis.* Lam.

1889 { Fleurs jaunes. . . . . . *C. scorpioides.* Koch.
  { Fleurs jamais jaunes. . . . *C. varia.* L.

1890 | GLEDITSIA. Lin [1]. *Mimosées.*
  Feuilles 2 fois ailées. . *G. triacanthos.* L.

CLASSE XVIII.

POLYADELPHIE.

Étamines réunies par les filets en plusieurs faisceaux.

Analyse des genres.

1891 | 3 styles; capsule à 3 loges polyspermes. .
  . . . . HYPERICUM. 1892

Analyse des espèces.

1892 | HYPERICUM. Lin. *Hypéricinées* 1893

1893 { Tiges arrondies; sépales bordés de cils glan-
  { duleux. 1894
  { Tiges anguleuses; sépales non glanduleux. 1897

1894 { Plante glabre 1895
  { Plante velue ou hérissée. 1896

1895 { Tige dressée. . . . . *H. hirsutum.* L.
  { Tige rampante. . . . . *H. Elodes.* L.

[1] Le Gleditsia, arbre exotique, cultivé aux environs de Strasbourg comme arbuste d'ornement, se distingue des véritables papilionacées par ses 6 étamines libres, ses fleurs polygames, régulières, à 4 parties.

1896 {
Sépales aigus ; glandes pédicellées . . . .
. . . . **H. montanum. L.**
Sépales obtus ; glandes sessiles . . . .
. . . . **H. pulchrum. L.**

1897 {
Tige à 2 angles. 1898
Tige à 4 angles. 1899

1898 {
Tiges filiformes , couchées . . . .
. . . . **H. humifusum. L.**
Tige robuste , dressée. **P. perforatum. L.**

1899 {
Tige ailée ; sépales elliptiques . . . . .
. . . . **H. quadrangulare. L.**
Tige non ailée ; sépales linéaires. . . . .
. . . . **H. tetrapterum. Fries.**

CLASSE XIX.

SYNGÉNÉSIE.

Étamines soudées par les anthères.

Analyse des genres.

1900 {
Fleurs semi-flosculeuses , toutes terminées
en languette 1901
Fleurs flosculeuses , toutes tubuleuses non
ligulées 1928
Fleurs radiées, celles du disque flosculeuses,
les extérieures ligulées 1953

1901 SEMI-FLOSCULEUSES. {
Fleurs jaunes 1902
Fl. bleues ou rouges . . 1926

1902 { Tige feuillée 1903
       Tige nue 1920

1903 { Akènes surmontés d'une aigrette poilue . 1904
       Akènes nus au sommet. . . LAPSANA. 2043

1904 { Réceptacle nu 1905
       Réceptacle paléacé ou velu. 1919

1905 { Involucre simple, formé de folioles égales,
         toutes semblables 1906
       Involucre double ou formé de folioles iné-
         gales ou imbriquées 1907

1906 { Feuilles entières . . . . TRAGOPOGON. 1979
       Feuilles dentées . . . . . . SOYERIA. 2017

1907 { Akènes prolongés à leur base en un podo-
         sperme (pied) creux, presque aussi long
         qu'eux. . . . . . PODOSPERMUM. 1983
       Akènes dépourvus de prolongement basi-
         laire 1908

1908 { Involucre simple, formé de folioles imbri-
         quées, inégales. 1909
       Involucre double, l'extérieur formé de fo-
         lioles courtes, lâches 1918

1909 { Calathide solitaire au sommet de la tige. 1910
       Tige portant plusieurs calathides. . . . 1912

1910 { Aigrette à poils plumeux; feuilles très-en-
         tières. . . . . . . SCORZONERA. 1981
       Aigrette formée de poils simples; feuilles
         souvent dentées. 1911

1911 { Poils de l'aigrette disposés sur un seul rang;
         involucre imbriqué; akènes marqués de
         10 côtes. . . . . . . HIERACIUM. 2018
       Poils de l'aigrette disposés sur 2 rangs; in-
         volucre peu ou point imbriqué; akènes
         à 20-30 stries . . . . . . SOYERIA. 2017

1912 {
Aigrette formée de poils la plupart plumeux 1913
Aigrette formée de poils tous simples ou dentelés 1914

1913 {
Poils de l'aigrette tous plumeux et à barbes entremêlées ; feuilles très-entières . . . . SCORZONERA. 1981
Poils de l'aigrette les uns simples, les autres plumeux ; feuilles dentées. . . PICRIS. 1985

1914 {
Akènes comprimés 1915
Akènes arrondis 1916

1915 {
Involucre cylindrique ; akènes terminés en bec. . . . . LACTUCA. 1997
Involucre urcéolé ; akènes non prolongés en béc. . . . . . . SONCHUS. 2002

1916 {
Akènes brusquement terminés en un bec capillaire entouré à sa base de 5 écailles verticillées . . . . . CHONDRILLA. 1994
Akènes peu ou point amincis au sommet . 1917

1917 {
Aigrette formée de poils disposés sur un seul rang ; akènes à sommet un peu bordé. . . . . HIERACIUM. 2018
Aigrette formée de poils disposés sur deux rangs ; akènes non bordés au sommet. . SOYERIA. 2017

1918 {
Akènes prolongés au sommet en un bec allongé. . . . . . . BARKAUSIA. 2007
Akènes atténués au sommet, mais non prolongés en bec. . . . . . CREPIS. 2010

1919 {
Tige feuillée . . . . . HELMINTHIA. 1990
Tige presque nue. . . . HYPOCHOERIS. 1976

1920 {
Réceptacle couvert de longues écailles . . HYPOCHOERIS. 1976
Réceptacle nu 1921

1921 { Akènes nus; feuilles entières ou dentées.
. . . . ARNOSERIS. 2044
Akènes surmontés d'une aigrette de poils. 1922

1922 { Plante stolonifère. . . . . HIERACIUM. 2018
Plante non stolonifère 1923

1923 { Poils de l'aigrette plumeux 1924
Poils de l'aigrette simples, dentelés. . . 1925

1924 { Aigrette des akènes de la circonférence ré-
duite à une couronne membraneuse,
dentelée. . . . . . . THRINCIA. 1984
Aigrettes extérieures non en forme de couronne courte. . . . . LEONTODON. 1987

1925 { Akènes surmontés d'un bec capillaire nu à
sa base. . . . . . . TARAXACUM. 1996
Akènes non prolongés en bec. . . . .
. . . . Soyeria præmorsa. God.

1926 { Fleurs bleues 1927
Fleurs purpurines. . . . PRENANTHES. 1993

1927 { Calathides sessiles à l'aisselle des feuilles ou
au sommet des rameaux. . CICHORIUM. 1991
Calathides disposées en grappes corymbiformes. 1915

1928 FLOSCULEUSES. { Akèn. couronnés par une
aigrette de poils . . . 1929
Akènes nus 1949

1929 { Fleurs jaunes 1930
Fleurs jamais jaunes. 1936

1930 { Folioles de l'involucre épineuses. . . . 1931
Folioles de l'involucre non épineuses . . 1932

1931 { Fleurs extérieures dépourvues d'aigrette .
. . . . KENTROPHYLLUM. 2049
Toutes les fleurs pourvues d'une aigrette .
. . . . CIRSIUM. 2058

1 1943 { Folioles de l'involucre courbées au sommet.
. . . . LAPPA. 2073
Fol. de l'involucre droites, non courbées. 1944

1 1944 { Une épine à la base des folioles de l'involucre. . . . . . . CENTAUREA. 2149
Point d'épines à la base des folioles de l'involucre 1945

1 1945 { Folioles de l'involucre épineuses 1946
Folioles de l'involucre non épineuses . . 1948

1 1946 { Aigrette à poils simples; feuilles souvent
épineuses. . . . . . . CARDUUS. 2051
Poils de l'aigrette plumeux. 1947

1 1947 { Folioles inférieures de l'involucre grandes,
scarieuses, rayonnantes . . CARLINA. 2046
Foliol. intérieures de l'involucre non rayonnantes; réceptacle charnu. . CYNARA. 2071

1 1948 { Aigrette à poils simples, disposés sur plusieurs rangs, ceux du rang extérieur plus
longs. . . . . SERRATULA. 2076
Aigrette à poils plumeux, disposés sur un
seul rang. . . . . CIRSIUM. 2058

1 1949 { Fleurs jaunes 1950
Fleurs blanches, bleues ou verdâtres . . 1952

1 1950 { Feuilles opposées . . . . . BIDENS. 2139
Feuilles alternes 1951

1 1951 { Feuilles entières . . . . CALENDULA. 2160
Feuilles dentées . . . . . CARPESIUM. 2128
Feuilles découpées . . . TANACETUM. 2129

1 1952 { Fleurons tous égaux. . . . ARTEMISIA. 2130
Fleurons extérieurs plus grands, stériles.
. . . . CENTAUREA. 2149

14

1953 | R*A*DIÉES. { Feuilles alternes. 1954
             { Feuilles opposées 1974

1954 { Akènes couronnés d'une aigrette de poils.   1955
     { Akènes nus. 1963

1955 { Demi-fleurons de la même couleur que le
         disque. 1956
     { Demi-fleurons d'une autre couleur que le
         disque. 1962

1956 { Feuilles toutes radicales, naissant aprés les
         fleurs . . . . TUSSILAGO. 2081
     { Tige feuillée 1957

1957 { Involucre à folioles imbriquées sur plu-
         sieurs rangs 1958
     { Involucre formé d'un seul rang de folioles
         ou de 2 rangs dont les extérieures courtes,
         lâches 1960

1958 { 5-6 demi-fleurons à chaque fleur, SOLIDAGO. 2112
     { 10-12 demi-fleurons à chaque fleur 1959

1959 { Aigrette simple, formée de poils disposés
         sur un rang . . . . INULA. 2101
     { Aigrette double, l'extérieure courte, coro-
         niforme. . . . . PULICARIA. 2099

1960 { Involucre à un seul rang de folioles . . .
         . . . . CINERARIA. 2125
     { Involucre à 2 rangs de folioles, les extér.
         très-courtes . . . . . . SENECIO. 2115
     { Involucre à 2 rangs égaux de folioles . . 1961

1961 { Akènes tous munis d'une aigrette. ARNICA. 2114
     { Akènes extérieurs dépourvus d'aigrette . . .
         . . . . DORONICUM. 2113

1962 { Plusieurs rangs de demi-fleurons grêles,
         étroits et linéaires. . . . ERIGERON. 2105
     { Un seul rang de demi-fleurons oblongs. .
         . . . . ASTER. 2107

1963 { Fleurs entièrement jaunes 1964
Fleurs jamais entièrement jaunes. . . . 1968

1964 { Feuilles entières, dentées ou trifides. . . 1965
Feuilles très-découpées 1967

1965 { Feuilles radicales longuement pétiolées et échancrées en cœur. . . DORONICUM. 2113
Feuilles sessiles ou atténuées à la base, non échancrées en cœur 1966

1966 { Akènes droits, plante glabre . . . . CHRYSANTHEMUM. 2137
Akènes droits, plante velue. BUPHTALMUM. 2148
Akènes courbés, plante pubescente . . . . CALENDULA. 2160

1967 { Calathides portées sur de longs pédoncules nus; segments des feuilles linéaires . . . . Anthemis tinctoria. L.
Calathides en corymbes terminaux; segments des feuilles lancéolés. TANACETUM. 2129

1968 { Tige nue, scapiforme . . . . BELLIS. 2126
Tige feuillée 1969

1969 { Feuilles simples, entières ou dentées. . . 1970
Feuilles découpées 1971

1970 { Fl. toutes blanches. Achillea Ptarmica. L.
Fleurs du centre jaunes. LEUCANTHEMUM. 2138

1971 { Réceptacle nu 1972
Réceptacle garni d'écailles. 1973

1972 { Feuilles velues; demi-fleurons jamais réfléchis. . . . . . PYRETHRUM. 2138 bis.
Feuilles glabres; demi-fleurons réfléchis . . . . MATRICARIA. 2136

1973 { Réceptacle allongé, conique; disque jaune. . . . . ANTHEMIS. 2144
Réceptacle convexe; disque blanc ou rouge. . . . . ACHILLEA. 2141

1974 { Réceptacle nu. . . . . ARNICA. 2114
     { Réceptacle garni de paillettes. 1975

     (Akènes surmontés de 2-4 écailles caduques ;
1975 {   tige de 1-2 mètres. . . . HELIANTHUS. 2158
     (Akènes surmontés par 2-5 arêtes épineuses ;
     (tige de 2-4 décimètres. . . . . BIDENS. 2139

Analyse des espèces.

1976 | HYPOCHOERIS. Lin. *Synanthérées* . . . . . } 1977
                                                  (1978
1977 { Tige glabre. . . . .
     { Tige hérissée . . . . . *H. maculata. L.*

     (Demi-fleurons plus longs que les folioles de
1978 {   l'involucre. . . . . . *H. radicata. L.*
     (Demi-fleurons ne dépassant point l'invo-
     (lucre. . . . . . . *H. glabra. L.*

1979 | TRAGOPOGON. Lin. *Synanthérées* 1980
     (Pédoncules renflés vers leur sommet ; in-
1980 {   volucre à 10-12 folioles. *T. major. Jacq.*
     (Pédoncules peu ou point renflés, involucre
     (à 8 folioles. . . . . *T. pratensis. L.*

1981 | SCORZONERA. Lin. *Synanthérées* 1982
     (Akènes lisses, striés ; foliol. de l'involucre
1982 {   obtuses au sommet. . . . *S. humilis. L.*
     (Akènes de la circonférence chagrinés ; fo-
     (lioles de l'invol. aiguës. *S. hispanica. L.*

1983 | PODOSPERMUM. Dec. *Synanthérées.*
       Fleurs d'un jaune pâle ; feuilles pinnatisé-
       quées. . . . . . *P. laciniatum. Dec.*

1984 | THRYNCIA. Roth. *Synanthérées.*
       Racine pourvue à la base de fibres épaisses.
       . . . . *T. hirta. Roth.*

1985 | Picris. Lin. *Synanthérées.* 1986

1986 {
Pédoncules épaissis au sommet . . . . .
. . . . P. crepoïdes. Sauter.
Pédoncules non épaissis au sommet. . .
. . . . P. hieracioides. L.

1987 | Leontodon. Lin. *Synanthérées* 1988

1988 {
Tige ne portant qu'une seule calathide. .
. . . . L. autumnalis. L.
Tige portant plusieurs calathides 1989

1989 {
Aigrette plus courte que l'akène. . . .
. . . . L. pyrenaïcus. Gouan.
Aigrette égalant l'akène . . . . . .
. . . . . . L. proteiformis. Vill.

1990 | Helminthia. Jussieu. *Synanthérées.*
Plante hérissée de poils spinescents. . .
. . . . . . H. Echioides. Gærtn.

1991 | Cichorium. Lin. *Synanthérées.* 1992

1992 {
Feuilles florales ovales en cœur et amplexicaules. . . . . . C. Endivia. L.
Feuilles florales lancéolées , demi-emb₁as-
santes. . . . . . . C. Intibus. L.

1993 | Prenanthes. Lin. *Synanthérées.*
Calathides penchées, en panicule. . . .
. . . . P. purpurea. L.

1994 | Chondrilla. Lin. *Synanthérées* 1995

1995 {
Feuill. caulinaires lancéolées, dentées dans
leur pourtour. . C. latifolia. M. Bieb.
Feuilles caulinaires linéaires , entières ou
dentées à la base. . . . C. juncea. L.

1996 | Taraxacum. Jussieu. *Synanthérées.*
Akènes striés. . . T. officinale. Wigg.

1997 | Lactuca. Lin. *Synanthérées* 1998

1998 {
Fleurs jaunes 1999
Fleurs bleues . . . . L. perennis. L.

1999 { Calathides pédicellées, en grappes . . .   2000
Calathides presque sessiles, disposées en épis. . . . . *L. saligna.* L.

2000 { Tige pleine. . . . . *L. sativa.* L.
Tige fistuleuse. 2001

2001 { Calathides composées de 5 fleurs disposées sur un seul rang. . . *L. muralis.* Mey.
Calathides à plus de 5 fleurs disposées sur 2-3 rangs. . . . . . . *L. Scariola.* L.

2002 | SONCHUS. L. *Synanthérées* 2003

2003 { Fleurs jaunes 2004
Fleurs bleues 2006

2004 { Plante glabre 2005
Plante velue ou hérissée au moins au sommet . . . . *S. arvensis.* L.

2005 { Oreillettes des feuilles écartées de la tige. . . . . *S. oleraceus.* L.
Oreillettes appliquées contre la tige. . . . . *S. asper.* Vill.

2006 { Feuilles caulinaires sessiles; bractées amplexicaules. . . . . . *S. Plumieri.* L.
Feuilles caulinaires pétiolées; bractées non embrassantes. . . . . *S. alpinus.* L.

2007 | BARKAUSIA. Mœnch. *Synanthérées* . . . 2008

2008 { Pédoncules dressés avant l'anthèse; akènes tous égaux 2009
Pédoncules penchés avant l'anthèse; akènes extérieurs plus courts. *B. fœtida.* Dec.

2009 { Corolles toutes jaunes; aigrettes ne dépassant point l'involucre. *B. setosa.* Dec.
Corolles de la circonférence purpurines extérieurement, aigrettes dépassant l'involucre. . . . *B. taraxacifolia.* Thuil.

2010 | CREPIS. Lin. *Synanthérées* 2011

2011 { Involucre glabre. . . . *C. pulchra*. L.
{ Involucre pubescent 2012

2012 { Tige tout à fait nue. *C. prœmorsa*. Tausch.
{ Tige feuillée au moins inférieurement . . 2013

2013 { Feuilles caulinaires planes. 2014
{ Feuilles roulées sur les bords. *C. tectorum*. L.

2014 { Aigrette d'un blanc de neige et molle . . 2015
{ Aigrette raide et d'un blanc jaunâtre . .
{ . . . . *C. paludosa*. Mœnch.

2015 { Folioles extérieures de l'involucre dressées-
{ appliquées . . . .
{ Folioles extérieures de l'involucre étalées.
{ . . . . *C. biennis*. L.

2016 { Folioles de l'involucre lancéolées ; akènes
{ marqués de 20 stries. . . . .
{ . . . . . *C. succisœfolia*. Tausch.
{ Folioles de l'involucre linéaires ; akènes
{ marqués de 10 stries. . *C. virens*. Vill.

2017 | SOYERIA. Monnier. *Synanthérées*.
Feuilles caulinaires embrassantes. . . .
. . . . . . *S. Blattarioides*. Mon.

2018 | HIÉRACIUM. Lin. *Synanthérées* 2019

2019 { Tige scapiforme, nue 2020
{ Tige feuillée, au moins à la base. . . . 2025

2020 { Corolles toutes jaunes 2021
{ Corolles de la circonférence purpurines ex-
{ térieurement. . . . *H. Pilosella*. L.

2021 { Tige chargée d'une seule calathide . . . 2022
{ Tige portant plusieurs calathides. . . . 2023

2022 { Tige stolonifère. . . . *H. Auricula*. L.
{ Tige non stolonifère. *H. incisum*. Hoppe.

2023 $\begin{cases}$ Feuilles entières ou à peine dentées. . .   2024
Feuilles profondément dentées . . . .
. . . . *H. incisum.* Hoppe. $\end{cases}$

2024 $\begin{cases}$ Tige simple. . . . *H. præaltum.* Vill.
Tige 1-2 fois bifurquée au sommet . . .
. . . . . . *H. brachiatum.* Bert. $\end{cases}$

2025 $\begin{cases}$ Fleurs solitaires au sommet des tiges et des
rameaux   2026
Fleurs en grappes ou en corymbes . . .   2031 $\end{cases}$

2026 $\begin{cases}$ Corolles purpurines. *H. aurantiacum.* L.
Corolles jaunes. . . . . ,   2027 $\end{cases}$

2027 $\begin{cases}$ Feuilles caulinaires nombreuses . . . .
. . . . *H. albidum.* Vill.
Jamais plus de 3 feuilles sur la tige . . .   2028 $\end{cases}$

2028 $\begin{cases}$ Feuilles vertes, ordinairement entières. .
. . . . *H. albidum.* Vill.
Feuilles glauques, dentées. . . . . .   2029 $\end{cases}$

2029 $\begin{cases}$ Tige émettant des stolons . . . . . .
. . . . . . *H. brachiatum.* Bert.
Rejets stolonifères nuls . . . . . .   2030 $\end{cases}$

2030 $\begin{cases}$ Feuill. radicales lancéolées, les caulinaires
au nombre de 2-3. *H. Mougeoti.* Frœl.
Une seule feuille sur la tige ; les radicales
ovales. . . . . *H. incisum.* Hoppe. $\end{cases}$

2031 $\begin{cases}$ Feuilles radicales persistantes.   2032
Feuilles radicales détruites au moment de
la fleuraison. . . . .   2039 $\end{cases}$

2032 $\begin{cases}$ Corolles purpurines. *H. aurantiacum.* L.
Corolles jaunes. . . . .   2033 $\end{cases}$

2033 $\begin{cases}$ Une seule (rarement 2) feuille caulinaire .   2034
3-6 feuilles caulinaires . . . . . .   2038 $\end{cases}$

2034 $\begin{cases}$ Feuilles vertes   2035
Feuilles glauques au moins en dessous . .   2037 $\end{cases}$

2035 {
Feuilles profondément dentées ou incisées ,
souvent maculées , les radicales un peu
échancrées à la base   2036
Feuilles entières ou munies de dents peu profondes , jamais maculées ni échancrées.
. . . . *H. pratense*. Tausch.
}

2036 {
Feuilles incisées , à segments étalés . . .
. . . . *H. incisum*. Hopp.
Feuill. dentées , à dents dirigées vers la base.
. . . . *H. murorum*. L.
}

2037 {
Feuilles radicales atténuées en pétiole ailé
et garnies de dents dirigées en avant. .
. . . . . . *H. Schmidtii*. Tausch.
Feuilles radicales obtuses et presque en cœur
à la base , garnies d'incisions étalées. .
. . . . . . *H. incisum*. Hoppe.
}

2038 {
Feuilles glauques ; poils de l'involucre non
glanduleux noirâtres. *H. prœaltum*. Vill.
Feuill. vertes; involucre et pédoncules cou-
verts de poils glanduleux noirs . . .
. . . . . . *H. vulgatum*. Fries.
}

2039 {
Feuilles supérieures non embrassantes. .   2040
Feuilles supérieures embrassantes . . .   2042
}

2040 {
Feuilles supérieures arrondies ou échan-
crées à la base. . . *H. boreale*. Fries.
Feuilles supérieures atténuées à la base. .   2041
}

2041 {
Fol. extérieures de l'involucre réfléchies et
courbées au sommet. *H. umbellatum*. L.
Folioles de l'involucre toutes dressées . .
. . . . *H. rigidum*. Fries.
}

2042 {
Pédoncules et involucre blanchâtres ou hérissés. . . . . . *H. sabaudum*. L.
Pédoncules et involucres chargés de poils
glanduleux. *H. prenanthoides*. Smith.
}

14.

2043 | LAPSANA. Lin. *Synanthérées.*
Feuilles inférieures lyrées. *L. communis.* L.

2044 | ARNOSERIS. Gærtn. *Synanthérées.*
Pédoncules renflés au sommet. . . . .
. . . . *A. minima.* Gærtn.

2045 | ONOPORDON. Lin. *Synanthérées.*
Folioles inférieures de l'involucre très-éta-
lées . . . . *O. Acanthium.* L.

2046 | CARLINA. Lin. *Synanthérées* 2047

2047 { Une seule calathide terminale. . . . .
. . . . *C. acaulis.* L.
Tige chargée de plusieurs calathides . . . 2048

2048 { Feuilles dentées; rameaux feuillés dans
toute leur longueur. . . *C. vulgaris.* L.
Feuilles entières; rameaux nus supérieurement. . . . . . *C. longifolia.* Reich.

2049 | KENTROPHYLLUM. Neck. *Synanthérées.*
Feuilles inférieures pinnatifides; tige et
involucre laineux. . *K. lanatum.* Dec.

2050 | CARTHAMUS. Lin. *Synanthérées.*
Feuilles glabres. . . . *C. tinctorius.* L.

2051 | CARDUUS. Lin. *Synanthérées* 2052

2052 { Folioles de l'involucre munis d'une seule
épine terminale. 2053
Folioles de l'involucre munies d'une épine
à leur sommet et à leur base . . . .
. . . . *C. Marianus.* L.

2053 { Calathides dressées 2054
Calathides penchées . . . . *C. nutans.* L.

2054 { Folioles de l'involucre terminées par une
épine molle 2055
Folioles de l'involucre terminées par une
épine vulnérante. . *C. acanthoides.* L.

2055 { Pédoncules nus.   .   .   . *C. defloratus*. L.
       Pédoncules ailés   2056

2056 { Folioles de l'involucre dressées au sommet.
       .   .   .   . *C. crispus*. L.
       Folioles de l'involucre courbées au sommet.   2057

2057 { Feuilles vertes en dessus , les inférieures
           pinnatipartites. . *C. personnata*. Jacq.
       Feuilles blanches cotonneuses des 2 côtés ,
           les inférieures pinnatifides .   .   .   .   .
       .   .   .   . *C. tenuiflorus*. Curt.

2058 | Cirsium. Tournef. *Synanthérées*   2059

2059 { Feuilles non épineuses à leur face supér.   2060
       Feuilles épineuses à leur face supérieure .   2070

206) { Feuilles non décurrentes   2061
       Feuilles décurrentes   2068

2061 { Fleurs jaunes ou jaunâtres   2062
       Fleurs purpurines ou blanches.   2064

2062 { Feuilles caulinaires embrassantes-auricu-
           lées.   .   .   .   .   . *C. oleraceum*. Scop.
       Feuilles caulinaires non embrassantes .   .   2063

2063 { Feuilles pubescentes en dessous, sinuées-
           pinnatifides à segments entiers ou bilo-
           bés.   .   .   .   .   .   . *C. rigens*. Wallr.
       Feuilles glabres ou un peu velues, profon-
           dément pinnatifides à segments bi-tri-
           fides.   .   .   .   . *C. Lachenalii*. Koch.

2064 { Tige portant plusieurs calathides   .   .   .   2065
       Calathide solitaire .   .   .   .   2066 *bis*

2065 { Feuilles glabres ou un peu blanchâtres en
           dessous   .   .   . *C. tricephaloides*. Lam.
       Feuilles tomenteuses en dessous   2066

2066
- Tige glabre; feuilles pinnatifides, à segments cunéiformes. . *C. arvense.* Lam.
- Tige cotonneuse; feuilles pinnatifides à segments lancéolés. *C. bulbosum.* Dec.

2066 bis.
- Feuilles inférieures étalées en rosette . . . . *C. acaule.* All.
- Feuilles inférieures dressées 2068

2067
- Feuilles pinnatipartites. *C. bulbosum.* Dec.
- Feuilles peu ou point incisées . . . . *C. anglicum.* Lam.

2068
- Feuilles inférieures profondément pinnatipartites 2069
- Feuilles inférieures sinuées-dentées . . . . *C. Chaillett.* Gaud.

2069
- Feuilles décurrentes de l'une à l'autre sans interruption. . . . . *C. palustre.* Scop.
- Feuilles non décurrentes sans interruption. . . . . *C. hybridum.* Koch.

2070
- Feuill. décurrentes. *C. lanceolatum.* Scop.
- Feuilles non décurrentes . . . . *C. eriophorum.* Scop.

2071 | CYNARA. Lin. *Synanthérées* 2072

2072
- Feuilles épineuses, les unes pinnatifides, les autres indivises. . *C. Scolymus.* L.
- Feuilles à peine épineuses, toutes pinnatifides. . . . . *C. Carduncellus.* L.

2073 | LAPPA. Tournef. *Synanthérées* 2074

2074
- Involucres presque glabres. . . . . *L. major.* Gærtn.
- Involucre laineux 2075

2075
- Toutes les folioles de l'involucre vertes et plus longues que les fleurs. *L. minor.* Dec.
- Fol. intér. de l'involucre roses, plus courtes que les fleurs. . . *L. tomentosa.* Lam.

2076 | SERRATULA. Lin. *Synanthérées* 2077

2077 { Feuilles glabres. . . . *S. tinctoria.* L.
Feuilles cotonneuses . *S. Pollichii.* Dec.

2078 | ADENOSTYLES. Cassini. *Synanthérées* . . 2079

2079 { Feuilles tomenteuses en dessous et inéga-
lement dentées. . *A. Albifrons.* Koch.
Feuilles pubescentes sur les nervures seulement et également dentées . . . . .
. . . . *A. alpina.* Bl. et Fing.

2080 | PETASITES. Gærtn. *Synanthérées.* . . . 2080 *bis.*

2080 *bis.* { Fleurs roses ou purpurines. . . . . .
. . . . *P. officinalis.* Mœnch.
Fleurs blanches. . . *P. albus.* Gærtn.

2081 | TUSSILAGO. Lin. *Synanthérées.* 2082

2082 { Fleurs jaunes. . . . . *T. Farfara.* L.
Fleurs blanches ou purpurines . . . .
. . . . *T. alpina.* L.

2083 | EUPATORIUM. Lin. *Synanthérées.*
Fleurs purpurines ou blanches. . . . .
. . . . *E. cannabinum.* L.

2084 | CHRYSOCOMA. Lin. *Synanthérées.*
Feuilles linéaires, glabres. *C. Linosyris.* L.

2085 | FILAGO. Lin. *Synanthérées.* 2087

2086 { Calathides renfermant 3-7 capitules. . . 2087
Calathides renfermant 12-25 capitules . . 2090

2087 { Capitules à 5 angles saillants 2088
Capitules ovoïdes à 8 côtes peu prononcées. 2089

2088 { Capitules plus longs que les feuilles florales.
. . . . *F. minima.* Fries.
Capitules plus courts que les feuilles florales.
. . . . *F. gallica.* L.

2089 { Folioles de l'involucre égales entre elles. .
. . . . *F. Soyerii*. Nob.
Folioles de l'involucre inégales . . . .
. . . . *F. arvensis*. L.

2090 { Calathides à 5 angles très-aigus, saillants.
. . . . . . *F. Jussiœi*. Coss. et Germ.
Calathides à 5 angles peu marqués . . .
. . . . *F. germanica*. L.

2091 | GNAPHALIUM. Lin. *Synanthérées*. 2092

2092 { Fleurs jaunes ou jaunâtres. 2093
Fleurs blanches, roses ou brunes. . . . 2096

2093 { Tige simple. 2094
Tige rameuse 2095

2094 { Fleurs d'un jaune vif (*Helichrysum arena-*
rium. Dec.). . . . *G. arenarium*. L.
Fleurs d'un jaune pâle. *G. luteo-album*. L.

2095 { Feuilles atténuées à la base. . . . . .
. . . . *G. uliginosum*. L.
Feuilles un peu embrassantes . . . . .
. . . . *G. luteo-album*. L.

2096 { Calathides disposées en épi au sommet de
la tige. 2097
Calathides en grappe courte, serrée; fleurs
dioiques. . . . . . *G. dioicum*. L.

2097 { Epi effilé; feuilles caulinaires décroissantes,
marquées d'une seule nervure. . . . .
. . . . *G. sylvaticum*. L.
Epi court; feuilles moyennes plus larges
que les inférieures et marquées de 3 nervures. . . . *G. norvegicum*. Gunner.

2098 | CONIZA. Lin. *Synanthérées*.
Feuilles lancéolées. . . *C. squarrosa*. L.

2099 | **Pulicaria.** Gærtn. *Synanthérées.* . . . 2100

2100 { Feuilles arrondies à la base et demi-embras-
santes. . . . . *P. vulgaris.* Gærtn.
Feuilles longuement auriculées et embrassantes. . . . *P. dysenterica.* Gærtn.

2101 | **Inula.** Lin. *Synanthérées* 2102

2102 { Feuilles embrassantes ou décurrentes . . 2103
Feuilles ni embrassantes, ni décurrentes. 2104

2103 { Feuilles entières ou à peine dentées . . .
. . . . *I. Britannica.* L.
Feuilles dentées-serrées. *I. Helenium.* L.

2104 { Feuilles glabres. . . . *I. salicina.* L.
Feuilles hérissées . . . . *I. hirta.* L.

2105 | **Erigeron.** Lin. *Synanthérées.* 2106

2106 { Fleurs en corymbes; demi-fleurons d'un
rouge bleuâtre. . . . . *E. acris.* L.
Fleurs en panicule multiflore; demi-fleurons d'un blanc rosé. *E. canadensis.* L.

2107 | **Aster.** Lin. *Synanthérées* 2108

2108 { Tige uniflore . . . . *A. alpinus.* L.
Tige pluriflore. 2109

2109 { Plante velue ou pubescente 2110
Plante glabre 2111

2110 { Demi-fleurons blancs. . . *A. annuus.* L.
Demi-fleurons bleus . . *A. Amellus.* L.

2111 { Fleurs disposées en grappes corymbiformes
non feuillées. . . *A. Tripolium.* L.
Fleurs disposées en grappes feuillées . .
. . . . *A. salignus.* Willd.

2112 | **Solidago.** Lin. *Synanthérées.*
Fleurs en grappes dressées. . . . . .
. . . . *S. Virga aurea.* L.

2113 | DORONICUM. Lin. *Synanthérées.*
Feuilles supérieures amplexicaules . . .
. . . . *D. Pardalianches.* L.

2114 | ARNICA. Lin. *Synanthérées.*
Feuill. radicales oblongues. *A. montana.* L.

2115 | SENECIO. Lin. *Synanthérées.* 2116

2116 { Feuilles dentées 2117
Feuilles pinnatilobées 2120

2117 { Feuilles toutes pétiolées. *S. Fuchsii.* Gmel.
Feuilles supérieures sessiles 2118

2118 { Pétiole ailé; feuilles inférieures pétiolées. 2119
Feuilles toutes sessiles. . *S. paludosus.* L.

2119 { Akènes plus courts que l'aigrette . . . .
. . . . . . *S. Jacquinianus.* Reich.
Akènes égalant l'aigrette . . . . . .
. . . . . . *S. salicetorum.* Godr.

2120 { Languettes nulles ou roulées en dehors. . 2121
Languettes étalées. 2123

2121 { Folioles intérieures de l'involucre glabres
ou velues, point glanduleuses; akènes
velus 2122
Folioles intérieures de l'involucre munies
sur le dos de poils glanduleux; akènes
glabres. . . . . . . *S. viscosus.* L.

2122 { Corolles toutes tubuleuses; tige molle . .
. . . . *S. vulgaris.* L.
Corolle de la circonférence en languettes;
tige ferme. . . . . *S. sylvaticus.* L.

2123 { Plante glabre ou à peu près glabre . . . 2124
Plante couverte d'un duvet aranéeux . .
. . . . *S. erucifolius.* L.

2124 {
Lobes des feuilles à peu près égaux . . . . *S. Jacobæa.* L.
Lobe terminal grand et ovale . . . . *S. aquaticus.* Huds.
}

2125 | CINERARIA. Lin. *Synanthérées.*
Feuilles ovales, laineuses en dessous. . . . . *C. spathulæfolia.* Gmel.

2126 | BELLIS. Lin. *Synanthérées* 2127

2127 {
Feuilles à une seule nervure . . . . *B. perennis.* L.
Feuilles marquées de 3 nervures . . . . *B. sylvestris.* Cyr.
}

2128 | CARPESIUM. Lin. *Synanthérées.*
Calathides penchées. . . *C. cernuum.* L.

2129 | TANACETUM. Lin. *Synanthérées.*
Feuilles bipinnatifides. . *T. vulgare.* L.

2130 | ARTEMISIA. Lin. *Synanthérées* 2131

2131 {
Feuilles caulinaires entières . . . . *A. Dracunculus.* L.
Feuilles découpées. 2132
}

2132 {
Feuilles auriculées à la base 2133
Feuilles non auriculées 2135
}

2133 {
Réceptacle velu. . *A. camphorata.* Vill.
Réceptacle glabre 2134
}

2134 {
Involucre glabre. . . *A. campestris.* L.
Involucre tomenteux . . *A. vulgaris.* L.
}

2135 {
Réceptacle glabre. . *A. Abrotanum.* L.
Réceptacle très-velu . *A. Absinthium.* L.
}

2136 | MATRICARIA. Lin. *Synanthérées.*
Folioles de l'involucre obtuses ; réceptacle cave à l'intérieur. . *M. Chamomilla.* L.

2137 | CHRYSANTHEMUM. Lin. *Synanthérées.*
Feuilles amplexicaules . . *C. segetum.* L.

2138 | LEUCANTHEMUM. Tournef. *Synanthérées.*
Feuilles spatulées. . . *L. vulgare.* Lam.

2138 bis. | PYRETRUM. Gærtn. *Synanthérées.*
Feuilles multifides. *P. Parthenium.* Smith.

2139 | BIDENS. Lin. *Synanthérées.* 2140
2140 { Calathides dressées. . . *B. tripartita.* L.
      { Calathides penchées . . *B. cernua.* L.

2141 | ACHILLEA. Lin. *Synanthérées* 2142
2142 { Feuilles dentées. . . . *A. Ptarmica.* L.
      { Feuilles pinnatifides 2143

2143 { Feuilles bipinnatifides, linéaires dans leur
      {   pourtour. . . . . *A. millefolium.* L.
      { Feuilles bipinnatifides, ovales dans leur
      {   pourtour. . . . . . *A. nobilis.* L.

2144 | ANTHEMIS. Lin. *Synanthérées.* 2145
2145 { Fleurs toutes jaunes. . *A. tinctoria.* L.
      { Fleurs de la circonférence blanches, celles
      {   du disque jaunes 2146

2146 { Feuilles pubescentes au moins les infé-
      {   rieures. 2147
      { Feuilles à peu près glabres. *A. Cotula.* L.

2147 { Akènes couronnés par une petite mem-
      {   brane; paillettes du réceptacle entières.
      {   . . . . *A. arvensis.* L.
      { Akènes non couronnés; paillettes lacérées
      {   au sommet. . . . . *A. nobilis.* L.

2148 | BUPHTALMUM. Lin. *Synanthérées.*
Akènes glabres. . . *B. salicifolium.* L.

2149 | CENTAUREA. Lin. *Synanthérées* 2150
2150 { Folioles de l'involucre épineuses. . . . 2151
      { Folioles de l'involucre non épineuses . . 2153

CLASSE XX.

GYNANDRIE.

Étamines insérées sur le pistil.

Analyse des genres.

2163 { Six anthères sessiles, insérées sous le stygmate; périgone prolongé au sommet en
languette. . . . . . .ARISTOLOCHIA. 22?
1-2 étamines insérées sur le pistil. 216

2164 | ORCHIDÉES. { Fleur prolongée à sa base en
éperon ou en un sac renflé. 216
Fl. non prolongée en éperon. 216

2165 { Des feuilles à la racine ou sur la tige . .
. . . . ORCHIS. 217
Feuilles remplacées par des écailles . . . 216

2166 { Fleurs jaunâtres. . . . . EPIPOGIUM. 220
Fleurs violettes . . . . . LIMODORUM. 220

2167 { Des feuilles à la racine ou sur la tige . . 216
Feuilles remplacées par des écailles. . . 217

2168 { Ovaire tordu sur lui-même. 216
Ovaire non tordu 217

2169 { Toutes les divisions du périgone dressées-
conniventes 217
Tablier pendant ou étalé . . . ACÉRAS. 220

2170 { Divisions internes du périgone trilobées .
. . . . HERMINIUM. 220
Divisions internes du périgone entières. .
. . . . CEPHALANTHERA. 221

1171 { Tablier ventru, renflé en forme de sabot
      ouvert en haut. . . . CYPRIPEDIUM. 2224
      Tablier plane ou un peu concave, non
      renflé 2172

1172 { Tablier articulé. . . . . . . EPIPACTIS. 2213
      Tablier non articulé 2173

1173 { Fleur renversée ; tablier placé du côté su-
      périeur. . . . . MALAXIS. 2216
      Tablier placé en bas 2174

1174 { Feuilles radicales, éparses ou alternes . . 2175
      Feuilles opposées . . . . . LISTERA. 2219

1175 { Divisions du périgone toutes conniventes-
      campanulées. 2176
      Divisions supérieures du périgone toutes
      très-étalées . . . . OPHRYS. 2201

1176 { Stygmate bifide ; racine tuberculeuse . .
      . . . . SPIRANTHES. 2221
      Stygmate à 2 cornes; racine rampante . .
      . . . . GOODYERA. 2223

1177 { Tablier entier. . . . . CORALLORHIZA. 2215
      Tablier bilobé. . . . . . . NEOTTIA. 2218

Analyse des espèces.

Monandrie. — 1 étamine.

1178 | ORCHIS. Lin. *Orchidées* 2179

1179 { Tablier prolongé à la base en éperon . . 2180
      Tablier prolongé à la base en un sac renflé. 2199

1180 { Tablier non divisé. 2181
      Tablier divisé en 3-4 lobes 2183

2181 { Feuilles ovales-oblongues ; fleurs blanches
ou verdâtres ; tige presque nue . . .　218
Feuilles linéaires ; fleurs d'un pourpre noir ;
tige feuillée . . . . . *O. nigra.* All.

2182 { Fleurs blanches, odorantes. *O. bifolia.* L.
Fl. verdâtres, inodores. *O. virescens.* Zoll.

2183 { Tablier divisé en trois lobes . . . . .　218
Tablier divisé en quatre lobes. . . . .　219

2184 { Tubercules entiers . . . .　218
Tubercules divisés . . . .　219

2185 { Bractées à 3-5 nervures. . . . . . .　218
Bractées à 1 seule nervure . . . . . .　218

2186 { Tablier à 3 lobes, celui du milieu fort petit
et légèrem.t échancré. *O. laxiflora.* Lam.
Tablier à 3 lobes à peu près égaux et entiers.
. . . . . . *O. pyramidalis.* L.

2187 { Fleurs en épi globuleux ou oblong, très-
serré ; éperon ne dépassant point la moitié
de l'ovaire . . . .　218
Fleurs en épi lâche, éperon égalant presque la longueur de l'ovaire . . . . .　218

2188 { Tablier pendant à 3 lobes presque égaux ;
éperon conique, aigu. *O. coriophora.* L.
Tablier ascendant, à 3 lobes inégaux ; éperon cylindrique, obtus. . *O. globosa.* L.

2189 { Divisions externes du périgone dressées-étalées, non veinées de vert. *O. mascula.* L.
Divisions externes du périgone connivontes
en casque, veinées de vert. *O. Morio.* L.

2190 { Fleurs jaunes ou jaunâtres. . . . . .
. . . . *O. sambucina.* L.
Fleurs rouges, blanches ou violettes . .　21

2191 { Eperon du double plus long que l'ovaire . . . . *O. conopsea.* L.
Eperon plus court ou à peine plus long que l'ovaire 2192

2192 { Fleurs en épi grêle, très-odorantes; feuilles linéaires. . . . *O. odoratissima.* L.
Fleurs en épi oblong; feuilles ovales ou lancéolées. 2193

2193 { Feuilles étalées dressées, souvent maculées. 2194
Feuilles dressées contre la tige, jamais maculées. . . . : . . . *O. incarnata.* L.

2194 { Tige pleine; bractées la plupart plus courtes que les fleurs. . . . *O. maculata.* L.
Tige fistuleuse; bractées inférieures plus longues que les fleurs. *O. latifolia.* L.

2195 { Divisions externes du périgone libres jusqu'à la base. . . . . . . *O. ustulata.* L.
Divisions externes du périgone soudées jusqu'au milieu. 2196

2196 { Tablier à 4 lobes toutes semblables, linéaires. . . . . *O. simia.* Lam.
Tablier à 4 lobes, les latéraux plus larges. 2197

2197 { Fleurs d'un pourpre noir. *O. fusca.* Jacq.
Fleurs purpurines ou roses. 2198

2198 { Divisions externes du périgone purpurines; éperon égalant à peine la moitié de l'ovaire. . . . . *O. Jacquini.* Godron.
Divisions externes du périgone rose-cendré; éperon dépassant la moitié de l'ovaire. . . . . . *O. galeata.* Lam.

2199 { Divisions du tablier planes. 2200
Divisions médianes du tablier roulées en spirale. . . . . *O. hircina.* Swartz.

2200 {
Bractées ne dépassant point l'ovaire . . .
. . . . *O. albida*. Scop.
Bractées 2 fois plus longues que l'ovaire. .
. . . . *O. viridis*. Swartz.
}

2201 | OPHRYS. Lin. *Orchidées.* 2202

2202 {
Tablier pourvu au sommet d'un appendice. 2203
Tablier ne présentant pas d'appendice à son
sommet 2204
}

2203 {
Appendice fléchi en dessus. . . . . .
. . . . . *O. arachnites*. Reichard.
Appendice réfléchi en dessous et caché sous
le limbe. . . . . *O. apifera*. Huds.
}

2204 {
Tablier divisé en 4 lobes. *O. myodes*. Jacq.
Tablier entier 2205
}

2205 {
Tab. orbiculaire. *O. Pseudo speculum*. Dec.
Tablier obové. . . *O. aranifera*. Huds.
}

2206 | HERMINIUM. Brown. *Orchidées.*
Divisions internes du périgone trilobées.
. . . . . . *H. Monorchis*. Brown.

2207 | ACERAS. Brown. *Orchidées.*
Divisions latérales du tablier linéaires . .
. . . . . *O. antropophora*. Brown.

2208 | EPIPOGIUM. Gmelin. *Orchidées.*
Fleurs penchées. . *E. Gmelini*. Richard.

2209 | LIMODORUM. Tournef. *Orchidées.*
Eperon subulé, aussi long que l'ovaire . .
. . . . . *L. abortivum*. Swartz.

2210 | CEPHALANTHERA. Richard. *Orchidées* . . 2211

2211 {
Ovaire glabre 2212
Ovaire pubescent . . . *C. rubra*. Rich.
}

ς 2212 { Bractées plus longues que l'ovaire . . .
. . . . *C. pallens.* Rich.
Bractées plus courtes que l'ovaire. . . .
. . . . *C. ensifolia.* Rich.

ς 2213 EPIPACTIS. Swartz. *Orchidées*   2214

ς 2214 { Feuilles ovales , plus longues que l'entre-
nœud. . . . . . *E. latifolia.* All.
Feuill. lancéolées, les supér. plus courtes que
les entre-nœuds.   *E. palustris.* Crantz.

ς 2215 | CORALLORRHIZA. Haller. *Orchidées.*
Divisions du périgone aiguës . . . . .
. . . . *C. innata.* Brown.

ϟς 2216 | MALAXIS. Swartz. *Orchidées*   2217

ϟϟ 2217 { Tige triangulaire , munie de 2 feuilles à la
base. . ' . . . *M. Lœselii.* Swartz.
Tige pentagonale , munie de 3-4 feuilles à
la base. . . . *M. paludosa.* Swartz.

2218 | NEOTTIA. Lin. *Orchidées.*
Fleurs d'un jaune roussâtre. . . . . .
. . . . *N. Nidus avis.* Rich.

2219 | LISTERA. Brown. *Orchidées*   2220

2220 { Tablier bifide ; feuilles ovales . . . . .
. . . . . . *L. ovata.* Brown.
Tablier trifide ; feuilles en cœur . . . .
. . . . *L. cordata.* Brown.

2221 | SPIRANTHES. Richard. *Orchidées*   2222

2222 { Tige feuillée. . . . *S. œstivalis.* Rich.
Tige nue. . . . *S. autumnalis.* Rich.

2223 | GOODYERA. Brown. *Orchidées.*
Feuilles radicales ovales. *G. repens.* Brown.

15

Diandrie. — 2 étamines.

2224 | CYPRIPEDIUM. Lin. *Orchidées.*
Fleur solitaire, penchée.   *C. calceolus.* **L.**

Hexandrie. — 6 étamines.

2225 | ARISTOLOCHIA. Lin. *Aristolochiées.*
Feuilles profondément échancrées à la base.
. . . . *A. clematites.* **L.**

—

CLASSE XXI.

MONOËCIE.

Étamines et pistils séparés dans des fleurs différentes, mais sur la même plante.

Analyse des genres.

2226	Arbre ou arbrisseau	2227
	Herbe ou sous-arbrisseau	2242
2227	Feuilles alternes, éparses ou fasciculées . .	2228
	Feuilles opposées ou verticillées	2240
2228	Feuilles étroites, linéaires	2229
	Feuilles larges, point linéaires	2232

2229 { Feuilles disposées sur 2 ou 4 rangs . . . 2230
       Feuilles disposées sans ordre 2231

2230 { Fleurs axillaires, solitaires . . *Taxus*.
       Fleurs réunies en cône . . . CUPRESSUS. 2351

2231 { Ecailles des cônes épaissies, bossues ou om-
         biliquées au sommet ; feuilles géminées.
         . . . . PINUS. 2290
       Ecailles des cônes aplaties ; feuilles solitaires
         ou au nombre de plus de 2 dans la même
         gaîne. . . . . ABIES. 2293

2232 { Feuilles simples, entières ou dentées . . 2233
       Feuilles lobées ou incisées . . . . . . 2241 *bis*.
       Feuilles digitées . . . . . JUGLANS. 2368

2233 { Cinq étamines ou plus 2234
       4 étamines 2239
       1-3 étamines . . . . . . *Salix*.

2234 { 5-10 étamines 2235
       Plus de 10 étamines 2238

2235 { Fleurs mâles seules réunies en chaton . . 2236
       Fleurs mâles et fleurs femelles réunies en
         chaton 2237

2236 { Fl. femelles solitaires ; 3 stygmates courts.
         . . . . QUERCUS. 2381
       Fleurs femelles réunies dans un bourgeon
         formé d'écailles embriquées ; 2 stygmates.
         . . . . CORYLUS. 2384

2237 { Chatons femelles solitaires, axillaires ;
         feuilles triangulaires-rhomboïdales . .
         . . . . BETULA. 2386
       Chatons femelles placés au sommet des ra-
         meaux ; feuilles ovales. . . CARPINUS. 2385

2238 {
Fleurs mâles en chatons globuleux ayant un périgone à 5-6 lobes; feuilles ovales, velues . . . . FAGUS.   2379
Fleurs mâles en châtons linéaires; périgone à 6 divisions profondes, feuilles lancéolées, glabres . . . . . . CASTANEA.   2380
Fleurs mâles en chatons cylindriques; périgone formé d'une écaille ovale; feuilles ovales. . . . . CARPINUS.
}

2239 {
Chatons mâles ovoïdes; fruits charnus. . . . . MORUS.   2359
Chatons mâles cylindriques, grêles; fruit sec. . . . . ALNUS.   2362
}

2240 {
Feuilles simples   2241
Feuilles ailées . . . . Fraxinus.
}

2241 {
Feuilles linéaires. . . . . Cupressus.   2351
Feuilles ovales . . . . . . Buxus.   2361
}

2241 bis. {
Feuilles palmées . . . . . Platanus.
Feuilles ovales, sinuées-incisées. QUERCUS.   2381
}

2242 {
Feuilles simples   2243
Feuilles ailées ou profondément découpées.   2266
}

2243 {
Feuilles alternes, éparses ou radicales . .   2244
Feuilles opposées ou ternées   2262
}

2244 {
Fleurs réunies en tête sur un réceptacle commun, entouré d'un involucre et garni de paillettes. . . . . . XANTHIUM.   2378
Fleurs solitaires ou agglomérées; involucre nul   2245
}

2245 {
Plante aquatique   2246
Plante terrestre   2255
}

2246 {
Fleurs réunies en un chaton globuleux. . . . . SPARGANIUM.   2299
Fleurs solitaires ou en épis ou en panicule .   2249
Fleurs en chatons cylindriques   2247
}

16.

15.

2260 { Calice à 4 divisions ; 4 étamines . . . . *Parietaria.*
Calice à 3-5 divisions ; 3-5 étamines. . . 2261

2261 { Périgone des fleurs femelles herbacé, bipartite. . . . . ATRIPLEX. 2372
Périgone des fleurs femelles scarieux, à 3-5 divisions. . . . . . AMARANTHUS. 2369

2262 { Plante aquatique 2263
Plante croissant sur la terre 2265

2263 { Un seul ovaire. 2264
Plusieurs ovaires . . . . ZANICHELLIA. 2289

2264 { Feuilles engaînantes . . . . . . NAJAS. 2287
Feuilles non engaînantes . *Callitriche.*

2265 { Fleurs en grappes spiciformes, axillaires . . . . URTICA. 2357
Fleurs en ombelles ou en cyme . . . . EUPHORBIA. 2269

2266 { Plante aquatique 2267
Plante croissant sur la terre 2268

2267 { Huit étamines. . . . MYRIOPHYLLUM. 2364
Environ 20 étamines . CERATOPHYLLUM. 2376

2268 { Fleurs en ombelles. . . . . . . *Trinia.*
Fleurs en épis ovoïdes . . . *Poterium.*

Analyse des espèces.

Monandrie. — 1 étamine.

2269 | EUPHORBIA. Lin. *Euphorbiacées* 2270

2270 { Feuilles éparses. 2271
Feuilles opposées . . . *E. Lathyris.* L.

2281 {
Capsule globuleuse, marquée de sillons peu prononcés et couverte de tubercules presque hémisphér. *E. platyphyllos*. L.
Capsule un peu trigone, creusée de 3 sillons profonds et couverte de tubercules saillants, cylindriques.   *E. stricta*. L.
}

2282 {
Feuilles très-entières. . . *E. Peplus*. L.
Feuill. dentées dans leur moitié supérieure.   2283
}

2283 {
Folioles de l'involucre ovales-arrondies; rayons de l'ombelle trichotomes . . . . *E. verrucosa*. Lam.
Folioles de l'involucre lancéolées; rayons de l'ombelle une seule fois dichotomes. . . . . *E. dulcis*, L.
}

2284 {
Feuilles des rameaux stériles et des rameaux fleuris semblables; rayons de l'ombelle plusieurs fois dichotomes. *E. Esula*. L.
Feuilles des rameaux stériles plus étroites; rayons de l'ombelle trichotomes d'abord, ensuite dichotomes. . *E. palustris*. L.
}

2285 | ARUM. Lin. *Aroïdes*.
Feuilles vertes, souvent maculées. . . . . *A. maculatum*. L.

2286 | CALLA. Lin. *Aroïdes*.
Feuilles en cœur. . . . *C. palustris*. L.

2287 | NAJAS. Lin. *Naïadées* 2288

2288 {
Gaînes des feuill. entières. *N. major*. Roth.
Gaînes ciliées-denticulées. *N. minor*. All.
}

2289 | ZANICHELLIA. Lin. *Potamées*.
Tiges filiformes, flottantes. *Z. palustris*. L.

Diandrie. — 2 étamines.

2290 | PINUS. Lin. *Conifères.* 2291

2291 { Cônes dressés. . . P. *Pumilio.* Hænk.
Cônes penchés ou étalés 2292

2292 { Cônes penchés après la floraison . . . .
. . . . P. *sylvestris.* L.
Cônes toujours dressés. P. *maritima.* Lam.

2293 | ABIES. Dec. *Conifères* 2294

2294 { Feuilles solitaires 2295
Feuill. réunies en faisceaux. A. *Larix.* Lam.

2295 { Feuilles planes, échancrées au sommet. .
. . . . A. *pectinata.* Dec.
Feuilles subtétragones, entières au sommet.
. . . . A. *excelsa.* Lam.

Triandrie. — 3 étamines.

2296 | TYPHA. Lin. *Typhacées* 2297

2297 { Feuilles plus courtes que la tige . . .
. . . . . . T. *minima.* Hopp.
Feuilles plus longues que la tige 2298

2298 { Chatons mâle et femelle contigus. . . .
. . . . T. *latifolia.* L.
Chatons mâle et femelle séparés . . .
. . . . . . T. *angustifolia.* L.

2299 | SPARGANIUM. Lin. *Typhacées* 2300

2300 { Feuilles planes. . . . . S. *natans.* L.
Feuilles triquètres. . . . . . . 2300 *bis.*

2300 *bis.* { Tige rameuse . . . S. *ramosum.* Huds.
Tige simple . . . . S. *simplex.* Huds.

2301 | CAREX. Lin. *Cypéracées* 2302

2302 { Un seul épi simple. 2303
Plusieurs épis ou plusieurs épillets réunis en
    capitules 2305

2303 { Epi dioïque . . . . *C. Davalliana.* Smith.
Epi androgyne 2304

2304 { 2 stygmates . . . . . *C. pulicaris.* L.
3 stygmates . . . . . *C. pauciflora.* Ligh.

2305 { Epi composé , souvent interrompu ; épillets
    androgynes 2306
Plusieurs épis, les uns mâles, les autres fe-
    melles 2319

2306 { Epillets mâles au sommet 2307
Epillets mâles à la base 2310
Epillets mâles au milieu. *C. disticha.* Huds.

2307 { Fleurs en grappe terminale ; tige triquètre. 2308
Fl. en épi terminal , composé ; tige trigone. 2309

2308 { Tiges arrondies à la base , triquètres au
    sommet avec les faces convexes. . . .
    . . . . . . *C. teretiuscula.* Good.
Tiges triquètres , planes sur les faces. . .
    . . . . *C. paniculata.* L.

2309 { Tige à faces canaliculées. *C. vulpina.* L.
Tige à faces planes. . . *C. muricata.* L.

2310 { Epill. plus ou moins écartés , mais distincts. 2311
Epillets contigus 2318

2311 { Feuilles planes ou pliées en gouttière . . 2312
Feuilles pliées au sommet 2314

2312 { Epi composé de 4-6 épillets. 2313
Epi composé de 6-10 épillets , les inférieurs
    très-écartés . . . . . . *C. remota.* L.

2313 { Racine rampante . . . *C. Schreberi.* Schr.
{ Racine fibreuse. . . . *C. leporina.* L.

2314 { Epi formé de 5-15 épillets 2315
{ Epi composé de 2-4 épillets. 2317

2315 { Epillets dressés; tiges trigones. . . . . . .
{ . . . . *C. brizoides.* L.
{ Epillets étalés; tiges triquètres 2316

2316 { Fruits dressés, verdâtres; épillets un peu
{ écartés. . . . . . *C. canescens.* L.
{ Fruits étalés, brunâtres; épillets rapprochés.
{ . . . . *C. elongata.* L.

2317 { Tige trigone; fruits à la fin étalés en étoile.
{ . . . . *C. stellulata.* Good.
{ Tige triquètre; fruits redressés . . . .
{ . . . . *C. canescens.* L.

2318 { Epillets en tête globuleuse, compacte, en-
{ tourée de 5-6 bractées; racine fibreuse.
{ . . . . *C. cyperoides.* L.
{ Epillets disposés en épi distique, muni à sa
{ base d'une seule bractée; racine ram-
{ pante. . . . . . *C. Schreberi.* Schr.

2319 { Fruit à bec court, cylindrique, tronqué ou
{ faiblement émarginé 2320
{ Fruit à bec long, plane, comprimé, bicus-
{ pidé. 2339

2320 { 3 stygmates 2321
{ 2 stygmates 2337

2321 { Fruits velus. 2322
{ Fruits glabres 2330

2322 { Bractées vaginantes. 2323
{ Bractées non vaginantes. 2326

2323 {
Feuilles plus courtes que la tige . . . . 232.
Feuilles plus longues que la tige . . . .
. . . . *C. humilis.* Leyss.
}

2324 {
Epis femelles n'atteignant pas l'épi mâle.
. . . . *C. gynobasis.* Vill.
Epis femelles atteignant ou dépassant l'épi
mâle . . . . 232.
}

2325 {
Gaînes des feuilles d'un rouge brun; épis
femelles écartés les uns des autres. . .
. . . . *C. digitata.* L.
Gaînes des feuilles pâles; épis femelles tous
très-rapprochés. *C. ornithopota.* Willd.
}

2326 {
Bractée inférieure membraneuse. . . . 232.
Bractée inférieure entièrement foliacée . 233.
}

2327 {
Epi mâle unicolore . . . . 232.
Epi mâle panaché de blanc et de brun . .
. . . . *C. ericetorum.* Poll.
}

2328 {
Racine stolonifère. . . *C. præcox.* Jacq.
Racines non stolonifères 232
}

2329 {
Fruit insensiblement rétréci en un bec
court, un peu émarginé. *C. montana.* L.
Fruit brusquement atténué en un bec long,
bidenté. . . . *C. polyrrhiza.* Wall.
}

2330 {
Un seul épi mâle 233
2-3 épis mâles . . . . *C. glauca.* Scop.
}

2331 {
Racine stolonifère, rampante 233
Racine fibreuse, n'émettant point de stolons. 233
}

2332 {
Epis femelles oblongs, compactes; tiges fili-
formes. . . . . . . *C. limosa.* L.
Epis femelles cylindriques, lâches . . . 233
}

2333 {
Feuilles glauques; fruits ovoïdes . . .
. . . . *C. panicea.* L.
Feuilles d'un vert foncé; fruits triquètres.
. . . . *C. strigosa.* Huds.
}

2334 ⎰ Tige rude ; fruits ovoïdes-oblongs. . . .
⎱ . . . . *C. pallescens.* **L.**
⎰ Tige lisse ; fruits triquètres. . . . . .
⎱ . . . . *C. strigosa.* **Huds.**

2335 ⎰ Feuilles planes, carenées ; un seul épi mâle. 2336
⎱ Feuilles canaliculées ; souvent 2 épis mâles.
. . . . *C. filiformis.* **L.**

2336 ⎰ 3-6 épis femelles globuleux. 2337
⎱ 1-3 épis femelles oblongs ou cylindriques.
. . . . *C. tomentosa.* **L.**

2337 ⎰ Tiges canaliculées sur 2 de leurs faces ; gaînes
se déchirant en filaments *C. cœspitosa.* **L.**
Tiges planes sur leurs faces ; gaîne se déchirant , mais pas en filaments. . . . 2338

2338 ⎰ Fruits munis sur les 2 faces de 5-7 nervures ;
1 , rarement 2 épis mâles. . . . . .
. . . . *C. Goodenovii.* **Gay.**
Fruits dépourvus de nervures ; plusieurs
épis mâles. . . . . *C. acuta.* **Fries.**

2339 ⎰ Bractées non vaginantes. 2340
⎱ Bractées vaginantes 2345

2340 ⎰ Fruits glabres 2341
⎱ Fruits velus. . . . . *C. filiformis.* **L.**

2341 ⎰ Un seul épi mâle. *C. Pseudo-Cyperus.* **L.**
⎱ Plusieurs épis mâles 2342

2342 ⎰ Tige à 3 angles aigus , rudes. 2343
⎱ Tige trigone, à angles obtus ; fruits vésiculeux. . . . . *C. ampullacea.* **Good.**

2343 ⎰ Epis mâles de couleur brune ou rousse ;
fruits non gonflés 2344
Epis mâles de couleur pâle ; fruits gonflés-
vésiculeux. . . . *C. vesicaria.* **Lin.**

16

2344 { Ecailles inférieures des épis mâles arrondies au sommet. . . . *C. paludosa*. Good.
Ecailles des épis mâles toutes acuminées-aristées. . . . . . *C. riparia*. Curt.

2345 { Un seul épi mâle 2346
Plusieurs épis mâles 2351

2346 { Epis femelles dressés 2347
Epis femelles penchés 2349

2347 { Ecailles plus longues que les fruits . . . 2348
Ecailles plus courtes que les fruits . . . 2353

2348 { Fruits à la fin réfléchis, terminés en bec recourbé ; épis femelles rapprochés au sommet de la tige. . . . . *C. flava*. L.
Fruits non réfléchis, terminés en bec droit ; Épi femelle inférieur souvent très-écarté. . . . . *C. OEderi*. Ehrh.

2349 { Tige à 3 angles aigus. 2350
Tige à 3 angles obtus. *C. depauperata*. Good.

2350 { Racine rampante, stolonifère ; bec du fruit denté-cilié sur les bords. *C. frigida*. All.
Racine fibreuse ; bec du fruit lisse sur les bords. . . . . . *C. sylvatica*. Huds.

2351 { Tige à 3 angles aigus. 2352
Tige à 3 angles obtus. *C. hordeistichos*. Vill.

2352 { Racine fibreuse ; fruits glabres. *C. distans* L.
Racine rampante ; fruits hérissés. *C. hirta*. L.

2353 { Fruits ovoïdes, terminés par un bec divisé en 2 dents. *C. Hornschuchiana*. Hoppe.
Fruits ventrus, terminés par un bec presque entier. . . . *C. depauperata*. Good.

2354 | ZEA. Lin. *Graminées*.
Fleurs mâles en panicule, les fleurs femelles en épi. . . . . *Z. maïs* L.

Tétrandrie. — 4 étamines.

2355 | LITTORELLA. Lin. *Plantaginées*.
Fleurs mâles pédonculées, les fleurs femelles
sessiles. . . . . . . *L. lacustris*. L.

2356 | BUXUS. Lin. *Euphorbiacées*.
Feuilles ovales. . . *B. sempervirens*. L.

2357 | URTICA. Lin. *Urticés*.   2358

2358 { Pédoncules plus courts que les pétioles . .
. . . . *U. urens*. L.
Pédoncules plus longs que les pétioles . .
. . . . *U. dioica*. L.

2359 | MORUS. Lin. *Urticées*.   2360

2360 { Périgone glabre sur ses bords. *M. alba*. L.
Périgone hérissé sur ses bords. *M. nigra*. L.

2361 | CUPRESSUS. Lin. *Conifères*.
Feuilles imbriquées sur 4 rangs . . . .
. . . . *C. semperrireus*. L.

2362 | ALNUS. Tournef. *Bétulinées*   2363

2363 { Feuilles ovales-aiguës. . *A. incana*. Dec.
Feuilles arrondies, émarginées . . . .
. . . . *A. glutinosa*. Gærtn.

Pentandrie-polyandrie. · 5-30 *étamines.*

2364 | MYRIOPHYLLUM. Lin. *Halorağées*. . . .   2365

2365 { Fleurs verticillées   2366
Fl. toutes alternes. *M. alternifolium*. Dec.

2366 { Bractées supér. entières. *M. spicatum*. L.
Bractées toutes incisées pinnatifides. . .
. . . . *M. verticillatum*. L.

2367 | SAGITTARIA. Lin. *Alismacées.*
Feuilles sagittées ; tige simple . . . . . .
. . . . *S. sagittæfolia.* L.

2368 | JUGLANS. Lin. *Juglandées.*
Folioles ovales, glabres . . . *J. regia.* L.

2369 | AMARANTHUS. Lin. *Amaranthacées* . . . 2370

2370 { Plante glabre 2371
{ Plante pubescente. . *A. retroflexus.* L.

2371 { Fleurs toutes agglomérées à l'aisselle des
{ feuilles. . . . . *A. sylvestris.* Desf.
{ Fleurs supérieures disposées en épis nus. .
{ . . . . *A. Blitum.* L.

2372 | ATRIPLEX. Lin. *Chénopodées* 2373

2373 { Fleurs polygames . . . *A. hortensis.* L.
{ Fleurs monoïques. 2374

2374 { Feuilles inférieures triangulaires – hastées,
{ les supérieures hastées lancéolées . .
{ . . . . *A. latifolia.* Wahl.
{ Feuilles inférieures ovales ou lancéolées,
{ à peine hastées, les supér. lancéolées. . 2375

2375 { Périgone des fleurs femelles à divisions
{ rhomboïdales-hastées. . *A. patula.* L.
{ Périgone des fleurs femelles à divisions
{ ovales, à peine rhomboïdes. . . . .
{ . . . . *A. oblongifolia.* W.

2376 | CERATOPHYLLUM. Lin. *Ceratophyllées* . . 2377

2377 { Fruit muni de 2 épines au-dessus de la base.
{ . . . . *C. demersum.* L.
{ Fruit dépourvu d'épines au-dessus de la base.
{ . . . . *C. submersum.* L.

2378 | XANTHIUM. Lin. *Ambrosiacées.* 2378

2378 { Plante épineuse. . . . *X. spinosum.* L.
bis. { Plante non épineuse. *X. Strumarium.* L.

2379 | FAGUS. Lin. *Cupulifères.*
Feuilles ovales, glabres, ciliées . . . . .
. . . . *F. sylvatica.* L.

2380 | CASTANEA. Tournef. *Cupulifères.*
Feuilles oblongues, lancéolées . . . .
. . . . *C. vulgaris.* Lam.

2381 | QUERCUS. Lin. *Cupulifères* 2382
2382 { Feuilles glabres. 2383
{ Feuilles pubescentes. *Q. pubescens.* Willd.

2383 { Pédoncules plusieurs fois plus longs que le
{ pétiole. . . . *Q. pedunculata.* Ehrh.
{ Pédoncules ne dépassant point le pétiole .
{ . . . . . . *Q. sessiliflora.* Smith.

2384 | CORYLUS. Tournef. *Cupulifères.*
Folioles de l'involucre ouvertes au sommet.
. . . . *C. Avellana.* L.

2385 | CARPINUS. Lin. *Cupulifères.*
Feuilles ovales acuminées, doublement
dentées. . . . . . *C. Betulus.* L.

2386 | BETULA. Lin. *Bétulinées* 2387
2387 { Feuilles et rameaux glabres. . *B. alba.* L.
{ Feuilles et jeunes rameaux pubescents. .
{ . . . . *B. pubescens.* Ehrh.

Monadelphie. — Étamines soudées par les filets.

2388 | CUCURBITA. Lin. *Cucurbitacées* 2389
2389 { Fruits orbiculaires. . . . *C. Pepo.* L.
{ Fruits ovales ou un peu arrondis . . .
{ . . . . *C. Melopepo.* L.

2390 | CUCUMIS. Lin. *Cucurbitacées.* 2391
2391 { Feuilles à lobes aigus, le terminal plus
{ grand que les latéraux. . *C. sativus.* L.
{ Feuilles à lobes peu distincts, arrondis,
{ presque égaux. . . . . *C. Melo.* L.

2392 | BRYONIA. Lin. *Cucurbitacées* 2393

2393 { Fleurs monoïques; calices des fl. femelles
　　　　égalant la corolle. . . . *B. alba.* L.
　　　Fleurs dioïques; calice des fleurs femelles
　　　　plus courts que la corolle. *B. dioica.* Jacq.

CLASSE XXII.

DIŒCIE.

*Étamines et pistils séparés dans des fleurs et sur
des plantes différentes, mais de même espèce.*

Analyse des genres.

2394 { Tige herbacée 2395
　　　Tige ligneuse 2415

2395 { Plante parasite. . . . . . . VISCUM. 2447
　　　Plante non parasite 2396

2396 { Plante aquatique 2397
　　　Plante croissant sur la terre 2398

2397 { Feuilles arrondies. . . . HYDROCHARIS. 2465
　　　Feuilles étroites, linéaires . STRATIOTES. 2466

2398 { Tige couchée ou grimpante. 2399
　　　Tige dressée 2401

2399 { Des vrilles à l'aisselle des feuilles. *Bryonia.*
　　　Point de vrilles. 2400

2400 { Feuilles toutes alternes. . . . TAMUS. 2455
　　　Feuilles la plupart opposées. . HUMULUS. 2451

16.

2415 { Feuilles simples ou non développées à l'é-
poque de la floraison   2416
Feuilles ailées . . *Fraxinus excelsior.* L.

2416 { Plante parasite. . . . . . . VISCUM.   2447
Plante non parasite   2417

2417 { Feuilles ou boutons alternes   2418
Feuilles ou boutons opposés ou verticillés.   2425

2418 { Fleurs naissant sur la surface des feuilles.
. . . . RUSCUS.   2467
Fleurs ne naissant point sur les feuilles. .   2419

2419 { Feuilles linéaires . . . . . TAXUS.   2454
Feuilles point linéaires   2420

2420 { Fleurs réunies en chatons ovoïdes ou globuleux   2421
Fleurs non réunies en chatons.   2423

2421 { Périgone à 4 lobes. . . . . . *Morus.*
Périgone nul ou à une seule écaille. . .   2422

2422 { 1-3 étamines; 1 style. . . . . SALIX.   2426
8 étamines ou plus; 1 stygmate 4 fide . .
. . . . POPULUS.   2456

2423 { Périgone à 2 divisions . . HIPPOPHAË.   2446
Périgone à 4-5 divisions.   2424

2424 { Feuilles molles, dentées. . . *Rhamnus.*
Feuilles coriaces, entières . . . *Laurus.*

2425 { Feuilles linéaires, piquantes. JUNIPERUS.   2452
Feuilles ovales-oblongues, obtuses. . .
. . . . EMPETRUM.   2445
Feuilles à 3-5 lobes, tige volubile. HUMULUS.   2451

Analyse des espèces.

Diandrie. — 2 étamines.

2426 | SALIX. Lin. *Salicinées* 2427

2427 {
Ecailles des chatons concolores, d'un jaune verdâtre; pédoncule feuillé au moment de la floraison 2428
Ecailles discolores, brunes ou noires au sommet; chatons sessiles au moment de la floraison 2435

2428 {
Feuilles glabres après leur entier développement 2429
Feuilles velues-soyeuses. . . *S. alba.* L.

2429 {
Tige portant des chatons mâles 2430
Tige portant des chatons femelles. . . . 2432

2430 {
5-10 étamines . . . . *S. pentandra.* L.
2 étamines 2431
3 étamines . . . . *S. amygdalina.* L.

2431 {
Ecailles longuement ciliées; feuilles crénelées. . . . . . . *S. fragilis.* L.
Ecailles hérissées mais non sensiblement ciliées; feuilles denticulées . . . . .
. . . . . *S. hippophæfolia.* Thuil.

2432 {
Capsule glabre 2433
Capsule velue. *S. hippophæfolia.* Thuil.

2433 {
Ecailles caduques; style allongé 2434
Ecailles persistantes; 1 style presque nul .
. . . . *S. amygdalina.* L.

2434 {
Stipules ovales oblongues. *S. fragilis.* L.
Stipules semi-cordiformes. *S. pentandra.* L.

2435 { Feuilles adultes glabres 2436
       Feuilles adultes velues ou soyeuses au moins
         en dessous 2439

2436 { Stipules avortées ou linéaires 2437
       Stipules semi-cordiformes 2438

2437 { Feuilles toujours alternes , lancéolées; sti-
         pules linéaires. . . . *S. rubra*. Huds.
       Feuilles souvent opposées , oblongues ; sti-
         pules ordinairement avortées . . . .
         . . . . *S. purpurea*. L.

2438 { Feuill. ovales ou lancéol., ondulées; écorce
         brune et glabre. . *S. nigricans*. Fries.
       Feuilles oblongues ; écorce couverte d'une
         poussière glauque. *S. daphnoides*. Vill.

2439 { Feuilles étroites-linéaires 2440
       Feuilles larges 2441

2440 { Stipules linéaires ; tige dressée. . . . . .
         . . . . *S. viminalis*. L.
       Stipules lancéolées ; tige rampante . . . .
         . . . . *S. repens*. L.

2441 { Feuilles planes. 2442
       Feuilles roulées en dessous. *S. incana*. Schr.

2442 { Feuilles glabres en dessus 2443
       Feuilles pubescentes en dessus. 2444

2443 { Feuilles ovales ou elliptiques, munies d'un
         acumen oblique ou courbé. *S. caprea*. L.
       Feuilles oblongues ou obovées , munies d'un
         acumen droit. *S. grandifolia*. Seringe.

2444 { Jeunes rameaux cendrés-velus . . . . .
         . . . . *S. cinerea*. L.
       Jeunes rameaux glabres. . *S. aurita*. L.

Triandrie. — 3 étamines.

2445 | EMPETRUM. Lin. *Empétrées.*
Tige couchée; feuilles linéaires, roulées. .
. . . . *E. nigrum.* L.

Tétrandrie. — 4 étamines.

2446 | HIPPOPHAË. Lin. *Eleagnées.*
Périgone bifide ou bipartite. . . . . .
. . . . . . *H. rhamnoïdes.* L.

2447 | VISCUM. Lin. *Loranthacées.*
Tige rameuse, dichotome. . *V. album.* L.

2448 | SPINACIA. Lin. *Chénopodées* 2449

2449 { Feuilles oblongues-ovales, fruits non épineux. . . . . *S. inermis.* Mœnch.
Feuilles hastées-bidentées aux 2 extrémités; fruits épineux. . *S. spinosa.* Mœnch.

Pendandrie. — 5 étamines.

2450 | CANNABIS. Lin. *Urticées.*
Feuilles pétiolées, à 5-9 segments lancéolés, dentées. . . . . . . *C. sativa.* L.

2451 | HUMULUS. Lin. *Urticées.*
Tige grimpante. . . . *H. Lupulus.* L.

2452 | JUNIPERUS. Lin. *Conifères* 2453

2453 { Feuilles étalées, linéaires, subulées. . .
. . . . *J. communis.* L.
Feuilles rhomboïdes, imbriquées sur 4 rangs. . . . . . *J. Sabina.* L.

2454 | TAXUS. Lin. *Conifères.*
Fleurs axillaires, sessiles *T. baccata.* L.

Hexandrie. — 6 étamines.

2455 | TAMUS. Lin. *Dioscorées.*
Feuilles en cœur. . . . *T. communis.* L.

2456 | POPULUS. Lin. *Salicinées* 2457

2457 { Ecailles des chatons ciliées 2458
Ecailles des chatons glabres 2460

2458 { Feuilles et rameaux glabres. *P. tremula.* L.
Feuilles et rameaux tomenteux 2459

2459 { Feuilles des rameaux supérieurs palmées à
5 lobes. . . . . *P. alba.* L.
Feuilles des rameaux supérieurs ovales en
cœur. . . . . *P. canescens.* Smith.

2460 { Feuilles pubescentes sur les bords . . .
. . . . *P. monilifera.* Ait.
Feuilles glabres sur les bords 2461

2461 { Rameaux dressés ; feuilles rhomboïdes . .
. . . . . . *P. pyramidalis.* Rozier.
Rameaux étalés ; feuilles triangulaires,
ovales. . . . . *P. nigra.* L.

2462 | RHODIOLA. Lin. *Crassulacées.*
Fleurs en corymbe. . . . *R. rosea.* L.

Ennéandrie. — 9 étamines.

2463 | MERCURIALIS. Lin. *Euphorbiacées* . . . 2464

2464 { Fl. femelles pédonculées. *M. perennis.* L.
Fleurs femelles sessiles. . *M. annua.* L.

2465 | HYDROCHARIS. Lin. *Hydrocharidées.*
· Feuilles orbiculaires , échancrées à la base.
. . . . *H. Morsus ranæ.* L.

Dodécandrie. — 12 *étamines.*

2466 | STRATIOTES. Lin. *Hydrocharidées.*
Feuilles ensiformes. . . *S. aloides.* L.

Monadelphie. — *Étamines réunies par les filets.*

2467 | RUSCUS. Lin. *Asparagées.*
Fleurs solitaires ou géminées . . . . .
. . . . *R. aculeatus.* L.

CLASSE XXIII.

POLYGAMIE.

Fleurs unisexuelles et fleurs hermaphrodites sur le même pied.

Les plantes qui composaient cette classe ont été réparties dans les classes auxquelles elles se rapportent par leurs fleurs hermaphrodites.

FIN DU TABLEAU ANALYTIQUE ET DE LA PREMIÈRE PARTIE.

TABLE DES MATIÈRES.

17

ERRATA.

Page 99, ligne 3, *au lieu de :* deux styles, *lisez :* un style ou deux styles ; point de bourrelet, etc.

Page 160, ligne 21, *au lieu de :* tige cylindrique. 1161, *lisez :* tige cylindrique. 1162.